废弃电路板多金属粉末
低温碱性熔炼
——理论及工艺研究

Alkali Fusion of Multi-metal Powder
Derived from WPCBs
—— Fundamental and Technology

郭学益　田庆华　刘静欣　著

北　京
冶 金 工 业 出 版 社
2016

内 容 提 要

本书介绍了电子废弃物的资源特点，总结了其中最具回收价值的废弃电路板的处理方法及研究进展。针对我国废弃电路板回收行业大量产出而未得到有效处理的多金属富集粉末，根据其成分特点，详细论述了基于碱性熔炼过程的有价金属回收理论、工艺体系和最新研究成果，通过具体实例较为详细地阐述了基础理论研究、工艺参数优化等方面的实验设计和数据处理方法。

本书可供从事有色冶金领域尤其是有色金属资源循环领域的科研、工程技术人员阅读。

图书在版编目（CIP）数据

废弃电路板多金属粉末低温碱性熔炼——理论及工艺研究/郭学益，田庆华，刘静欣著 . —北京：冶金工业出版社，2016.9
ISBN 978-7-5024-7369-3

Ⅰ . ①废… Ⅱ . ①郭… ②田… ③刘… Ⅲ . ①电子工业—固体废物利用—研究 Ⅳ . ①X76

中国版本图书馆 CIP 数据核字（2016）第 251225 号

出 版 人 谭学余
地 址 北京市东城区嵩祝院北巷 39 号 邮编 100009 电话 （010）64027926
网 址 www. cnmip. com. cn 电子信箱 yjcbs@ cnmip. com. cn
责任编辑 唐晶晶 张熙莹 美术编辑 吕欣童 版式设计 彭子赫
责任校对 禹 蕊 责任印制 李玉山
ISBN 978-7-5024-7369-3
冶金工业出版社出版发行；各地新华书店经销；固安华明印业有限公司印刷
2016 年 9 月第 1 版，2016 年 9 月第 1 次印刷
169mm×239mm；10 印张；196 千字；152 页
42. 00 元

冶金工业出版社 投稿电话 （010）64027932 投稿信箱 tougao@cnmip. com. cn
冶金工业出版社营销中心 电话 （010）64044283 传真 （010）64027893
冶金书店 地址 北京市东四西大街 46 号（100010） 电话 （010）65289081（兼传真）
冶金工业出版社天猫旗舰店 yjgycbs. tmall. com
（本书如有印装质量问题，本社营销中心负责退换）

前　言

随着电子信息产业的快速发展，电子产品更新换代加速，产生了大量的电子废弃物，给全球的生态环境造成了巨大的威胁。印刷电路板是电子产品的重要组成部分，含有约40%的高品位金属单质或合金，主要为 Cu、Fe、Sn、Ni、Pb、Al、Zn、Au、Ag 等，回收价值占电子废弃物回收价值的70%以上，若不能进行有效处理，不仅是对资源的极大浪费，而且其中的重金属及有毒有害物质也会对环境造成污染。

目前，处理废弃电路板的方法有机械物理处理技术，热处理技术，火法冶金技术，湿法处理技术，生物处理技术和超临界法、等离子体法、离子液体法等新兴技术，这些技术在不同程度上仍面临二次污染、金属回收效率低、投资成本高等问题，且主要关注了贵金属和铜的回收，而对其他金属的回收研究较少。因此，针对废弃电路板的性质和特点，开展有价金属综合回收工艺研究具有重要的意义。

作者及其研究团队近年来在废弃电路板中有价金属综合回收方面开展了系列研究工作，针对我国废弃电路板回收行业大量产出而未得到有效处理的多金属富集粉末，根据其成分特点，开展基于碱性熔炼过程的有价金属回收理论和工艺研究。为了总结经验，促进交流，作者将近几年在废弃电路板处理方面的最新研究成果归纳整理成书。全书共分7章，简要介绍了电子废弃物资源特点、废弃电路板资源化处理方法，详细论述了 NaOH-NaNO$_3$、NaCO$_3$-NaOH-NaNO$_3$、NaOH-空气-NaNO$_3$ 3 种熔炼体系处理废弃电路板多金属富集粉末的基础理论与实验研究结果，建立了较为完整的碱性氧化熔炼体系理论，同时探索了后续有价金属的分离提取路径。本书力求理论与工艺相结合，对废弃电路板处理的基本原理进行了系统介绍，同时重点突出了实验设计和工艺研究。

本书是作者及其研究团队集体研究成果的总结。杨英、李栋、黄国勇等老师在相关实验研究方面提供了技术指导，并在本书撰写过程中提供了建设性意见；研究团队秦红、刘旸、江晓健等研究生协助开展了大量研究工作，为相关实验开展和研究成果报告成稿作出了重要贡献。感谢国家国际科技合作专项、国家自然科学基金、广东省科技计划为本书研究提供资助，在此一并表示感谢。

由于作者水平有限，书中不足之处，敬请读者批评指正。

作　者
2016 年 8 月

目 录

1 绪 论

1.1 电子废弃物简介

1.1.1 电子废弃物的来源及组成

电子废弃物（waste electric and electronic equipment，WEEE），俗称"电子垃圾"，是指电子电器产品生产过程中产生的废弃物以及被废弃不再使用的电子电器设备，种类繁多，成分、结构复杂，涉及工业生产和居民生活的各个领域[1]。现阶段可回收的电子废弃物主要包括电视机、电冰箱、空调、洗衣机、个人电脑等家用电器，电话、手机、监控等通信设备，以及计算机、打印机、复印机、传真机等办公设备。

由于应用功能、工作原理、制造工艺的不同，电子产品结构差别很大，其中所蕴含的金属、塑料、陶瓷等材料的组成及含量差异也较大[2,3]。M. Oguchi 等人[4]研究了若干典型电子废弃物的材料组成，见表 1-1。

表 1-1 典型电子废弃物材料组成

类 型	材料质量分数①/%							
	铁制品	铝制品	电缆和铜材	塑料	电路板	玻璃		电池
						平玻璃	锥玻璃	
冰箱	47.6	1.3	3.4	43.7	0.5	—	—	—
洗衣机	51.7	2.0	3.1	35.3	1.7	—	—	—
空调	45.9	9.3	17.8	17.7	2.7	—	—	—
CRT 电视	12.7	0.1	3.9	17.9	8.7	22.9	12.9	—
PDP 电视	33.6	15.1	1.2	10.1	7.8	—	—	—
LCD 电视	43.0	3.8	0.8	31.8	11.6	—	—	—
台式电脑	47.2	—	0.9	2.8	9.4	—	—	—
笔记本电脑	19.5	2.4	1.0	25.8	13.7	—	—	14.4
电话	—	—	10.3	53.2	12.6	—	—	—
手机	0.8	—	0.3	37.6	30.3	—	—	20.4

类 型	材料质量分数①/%							
	铁制品	铝制品	电缆和铜材	塑料	电路板	玻璃		电池
						平玻璃	锥玻璃	
打印机	35.5	0.2	3.2	45.8	7.4	—	—	—
数码相机	5.2	4.3	0.3	31.8	20.2	—	—	—
摄像机	5.0	—	2.9	29.0	17.7	—	—	—
游戏机	19.9	2.3	1.6	47.8	20.6	—	—	—

① 对多品牌、多型号设备分析后取中间值。

1.1.2 电子废弃物的特点

电子产品复杂的加工制造过程和广泛的应用范围决定了其废弃物具有与一般市政垃圾明显不同的特点。

（1）高增长性。随着电子信息产业的快速发展，电子产品更新换代加速，电子废弃物产生量逐年递增。C. P. Baldé 等人的调查报告[5]显示，2013 年全球电子垃圾产量为 3980 万吨，2014 年高达 4180 万吨，并将保持每年 200 万吨左右的高速增长，预计 2018 年将达到 5000 万吨。其中，美国和中国是电子垃圾产生大国，2014 年产生量分别为 707.2 万吨和 603.3 万吨，占全球总量的 32%。

（2）高价值性。电子废弃物具有很高的回收利用价值，被称为"城市矿产"。在 2014 年全年产生的电子废弃物中，可通过现有技术实现回收再利用的部分包含 1650 万吨铁、860 万吨塑料制品、190 万吨铜、22 万吨铝以及 1400 吨金、银、钯等稀贵金属，总价值超过 3500 亿元人民币。

（3）高危险性。由于部分材料对实现电子产品功能化具有不可替代的作用，大量重金属甚至有毒有害物质被应用于电子元器件的加工制造过程中，见表 1-2。

表 1-2 电子废弃物中几种主要有害物质及其危害

名 称	用途/位置	主 要 危 害
铅	金属接头、辐射屏蔽/阴极射线管、印刷电路板	损伤中枢和周围神经系统、循环系统及肾脏；对内分泌系统有影响；严重影响大脑发育
镉	电池、表面贴片电阻器、半导体、染料或塑胶稳定剂	动脉硬化、肺部损伤、肾脏疾病、骨骼易破碎
汞	电池、开关/罩盒、印刷电路板	大脑、肾脏、肺及胎儿慢性损伤；血压升高、心率加快、过敏反应；影响大脑功能和记忆力
铬（VI）	装饰部件、硬化剂/（钢铁）罩盒	溃疡、痉挛、肝及肾损伤；强烈的过敏反应；哮喘性支气管炎；可能引起 DNA 损伤；一种已知的致癌物质

名　称	用途/位置	主　要　危　害
铝	结构件、导体/罩盒、阴极射线管、印刷电路板、接头	皮疹；骨骼疾病；呼吸道疾病，包括哮喘；与老年痴呆症有关
溴化阻燃剂	机壳塑料、电路板	多溴化二苯醚（PBDE），干扰内分泌并影响胎儿发育；多溴化二苯基（PBBs），增加消化和淋巴系统患癌风险
氟利昂	制冷剂 CFC-2、发泡剂 CFC-11	破坏臭氧层

电子废弃物的不恰当处理会对自然生态环境和周边居民健康造成严重危害，在我国部分地区，人们受暴利驱使采用粗放落后的方法处理电子废弃物，已造成了严重的环境污染[6~8]。

（4）复杂性和难处理性。虽然电子废弃物潜在价值极高，但其组分复杂、种类繁多，且含有大量有毒、有害物质，给电子废弃物的回收及资源化利用带来了巨大阻碍。2014 年全球共 650 万吨电子废弃物以正规渠道被回收，仅为全年废弃量的 15% 左右。

1.1.3　电子废弃物处理现状

电子废弃物作为一种危险废弃物，其处理过程受到世界各国政府和民众的广泛关注。目前，处理电子废弃物的通用做法是将其进行手工或半自动化拆解得到塑料或金属外壳、普通零部件、有害零部件或材料、废弃电路板等。部分普通零部件经检测合格后，直接降级使用；外壳及不可回用的普通零部件通过机械破碎、分选可得塑料、金属、陶瓷等粒料，经过较为简单的再生处理过程即可实现回收利用；手机电池、打印机墨盒等有害零部件和荧光粉、液态冷媒等有害材料则需交由专门的处理企业进行处置。

电子废弃物中包含 60 多种元素[9]，其中贵金属占总回收价值的 70% 以上，而几乎全部的贵金属以电阻材料、触点材料、电子浆料、高导电材料等形式赋存于电路板上，因此废弃电路板中有价金属的高效回收提取是实现电子废弃物资源化的关键，已成为各国学者研究的重点方向之一。

1.2　废弃电路板概述

1.2.1　电路板的结构及特点

印刷电路板（printed circuit board，PCB）是组装电子元器件用的基板，主要由高分子黏结剂（环氧树脂等）、介电基材（玻璃纤维或牛皮纸等）以及高纯铜箔、印制元件等热压而成，主要功能是使各种电子元器件形成预定电路的连接，起中继传输的作用，其品质直接影响电子产品的可靠性，被称为"电子系统产品之母"。

不同电子电器产品所用电路板布线层次、阻燃性能、增强材料等差别显著，见表1-3。

表1-3 印刷电路板结构组成与应用范围[10]

PCB 类别	应 用 范 围	覆铜板（基材）类别	型号
单面 PCB	电视机、收录机、VCD、音响设备、电话、鼠标、键盘、电子玩具等	阻燃、酚醛纸基覆铜板	FR-1
		阻燃、酚醛纸基覆铜板	FR-2
		非阻燃、酚醛纸基覆铜板	XPC
	洗衣机、空调、电冰箱、DVD 等	环氧/玻纤布基覆铜板	FR-4
		环氧/玻纤纸芯复合基覆铜板	CEM-3
		环氧/纸纤维芯复合基覆铜板	CEM-1
		环氧纸基覆铜板	FR-3
双面 PCB	计算机、打印机、复印机、高级家用电器等	高 T_g[①]环氧、玻纤布基覆铜板	FR-4
		各类高性能树脂、玻纤布基覆铜箔	—
		复合基覆铜板	CME-3
		酚醛纸基覆铜板	FR-1
	卫星通信产品、GPS 等	低 ε_r[②]环氧玻纤布基覆铜板聚酰亚胺、玻纤布基覆铜板	FR-4GRY
		低 ε_r 高 T_g 特殊树脂、玻纤布基覆铜板	—
	汽车用电子产品、自动化仪器仪表、VCD、计算机周边产品等	一般金属化通孔用环氧/玻纤布基覆铜板	FR-4
		一般跨线通孔用酚醛纸基覆铜板（阻燃）	FR-1
		一般跨线通孔用酚醛纸基覆铜板（非阻燃）	XPC
3～4层多层板	计算机、游戏机、计算机周边产品、ATM 交换机、移动电话基站等	一般用环氧、玻纤布基芯板	FR-4
		一般用环氧、玻纤布半固化片	FR-4
		高频电路用各类高性能特殊树脂、玻纤布基芯板、半固化片	—

PCB 类别	应用范围	覆铜板（基材）类别	型号
6～8层 多层板	笔记本电脑、自动化控制产品、高速测算仪器、中型计算机等	一般用或高 T_g 环氧玻纤布基芯板	FR-4
		一般用或高 T_g 环氧玻纤布基半固化片	FR-4
		高频电路用各类高性能特殊树脂、玻纤布基芯板、半固化片	—
		积层法多层板用基材或树脂	—
10层以上 多层板	大型计算机、军工电子产品、航空航天用电子产品、大型通信设备等	高 T_g 低 ε_r 环氧、玻纤布基芯板、半固化片	FR-4
		各类特殊树脂基材	—
		积层法多层板用基材	—

① T_g 为高玻璃化温度；

② ε_r 为相对介电常数。

不同类型的电路板加工工艺不同，其中单面板的导线集中于其中一面，其制作工艺较为简单，通过简单的打孔、蚀刻即可制得，而双面板和多层板的制作则相对复杂，其步骤如图 1-1 所示。

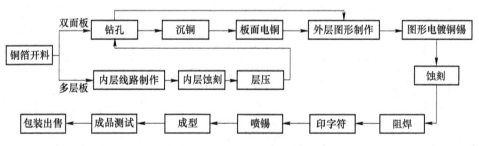

图 1-1　双面板和多层板的制作流程

电路板的加工制造工艺决定了电路板中各材料间的层状排布，如图 1-2 所

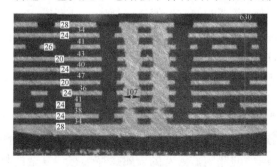

图 1-2　某智能手机主板[11]

示，且各金属材料主要以单质或合金形态存在[12]，为了保证电路板良好的使用性能，所用材料纯度、品质普遍较高，废弃电路板继承了这些结构与性质。此外，废弃电路板不同于新加工电路板之处在于，电子产品加工过程中向电路板上焊接、装配了大量电子元器件，而电子产品废弃拆解过程中，可能出现元器件无法剥离或因不具有回收价值而无需剥离、焊点与引脚残留等现象，因而废弃电路板相比新加工电路板成分更加复杂。

1.2.2 废弃电路板的价值与危害

废弃电路板仅占电子废弃物总质量的3%左右[13]，但几乎包含了电子废弃物中所有的贵金属。表1-4列出了几种常用电器电路板中的主要金属成分及其回收价值，由表可知，废弃电路板中金属含量，特别是贵金属含量，远高于其在自然矿床中的品位。

表1-4 常用电器电路板中主要金属成分及回收价值

电路板类型		Fe	Cu	Al	Pb	Sn	Ni	Au	Ag	Pd
1号电脑主板	质量比/%	7	20	5	1.5	2.9	1	250g/t	1000g/t	110g/t
	经济价值/元·t^{-1}	99	5934	473	155	2787	561	54500	3150	14190
2号电脑主板	质量比/%	2.1	18.5	1.3	2.7	4.9	0.4	86g/t	694g/t	309g/t
	经济价值/元·t^{-1}	30	5489	123	279	4709	224	18748	2186	39861
1号电视机主板	质量比/%	0.04	9.2	0.75	0.003	0.72	0.01	3g/t	86g/t	4g/t
	经济价值/元·t^{-1}	1	2730	71	0	692	6	654	271	477
2号电视机主板	质量比/%	28	10	10	1.4	0.3	20g/t	280g/t	10g/t	
	经济价值/元·t^{-1}	394	2967	947	103	1345	168	4360	882	1290
手机	质量比/%	5	13	1	0.3	0.5	0.1	350g/t	1380g/t	210g/t
	经济价值/元·t^{-1}	70	3857	95	31	480	56	76300	4347	27090

注：1号、2号所述电子产品型号不同，经济价值根据伦敦金属交易所2015年12月1日金属价格计算。

废弃电路板虽具有极高的回收价值，但其中还含有铅、铬、镉等重金属，易对周边水体造成污染，进而对当地居民和其他生物造成损伤。此外，为提高安全防火性能，电路板用塑料、环氧树脂等有机组分在制造过程中加入了大量以四溴双酚A为代表的卤素阻燃剂[14]，受热易产生二噁英、呋喃、多氯联苯类等强致癌物。在国家环保部发布的《2015国家危险废物名录》中，废弃电路板被列为T（toxicity）型毒性废物。

随着世界各国对环境保护及二次资源利用的重视，废弃电路板的资源化、无害化正成为一个全球性的课题。独特的金属赋存形态和复杂的材料组成，决定了废弃电路板回收与一般矿物提取或普通垃圾处理具有显著差别。

1.3 废弃电路板资源化回收方法

废弃电路板的资源化是利用各有用组分间物理化学性质的差异进行分离提纯并制备相应产品的过程。根据分离原理的不同，可将资源化技术分为机械物理处理技术、热处理技术、火法冶金技术、湿法冶金技术、生物处理技术及超临界流体法、等离子体法等新型技术。在实际操作中，为了充分分离富集其中的有价组分，通常不是某一种方法的单独使用，而是以某种方法为主，反复交叉使用其他方法。

1.3.1 机械物理处理技术

机械物理处理技术是我国目前应用最广泛的废弃电路板处理技术，根据组成材料的密度、磁性、导电性等物理特性差异实现组分间的分离。机械物理处理技术分支很多，但整体流程可概括如图 1-3 所示。

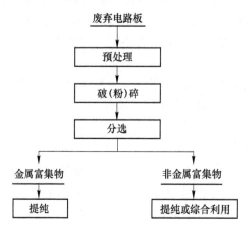

图 1-3 机械物理法处理废弃电路板流程

1.3.1.1 预处理

废弃电路板首先经过预处理拆卸可重复利用的元器件、需要单独处理的元器件（主要为电脑 CPU 等高回收价值或含有毒有害物质的元器件）等。电路板上元器件主要分为插件元器件和贴片元器件，插件元器件可直接通过拔插安装和拆卸，贴片元器件则常用焊锡固定在电路板上。传统的小规模处理废弃电路板过程首先通过加热熔化焊锡，再人工拆除所需元器件，作业效率低、操作环境差。废弃电路板的自动化拆卸一直是各国研究人员研究开发的技术方向。

日本 NEC 公司[15]开发了一种可以自动拆卸废弃电路板上元器件的装置，利用红外加热、两级去除的方式使元器件脱落，该方法不会对元器件造成任何损伤。德国 FAPS 公司[16]采用与电路板自动装配过程相反的工艺进行元器件的拆卸，首先采用液态载体熔化焊料，再根据元器件形状的不同用 SCARA 机械装置进行分检。刘志峰等人[17]采用液体油为加热介质，将废弃电路板在 150～300℃ 条件下加热 30～120s 使焊锡熔化，再通过超声波振动使元器件脱落，电子元器件与焊锡的脱离率达 90% 以上，且元器件几乎无损坏。

1.3.1.2 破碎分选

破碎或粉碎对于机械物理技术处理废弃电路板而言，至关重要。废弃电路板中的各类材料，特别是金属，尽可能充分解离是高效分选的前提，解离的程度和尺寸显著影响着分选过程和回收产品的质量；而破碎程度的选择会影响破碎设备的损耗和能源消耗。废弃电路板硬度高、韧性强，解离时金属易产生缠绕现象，因此需采用具有剪、切作用的破碎设备对其进行处理[18]。根据破碎过程介质的不同可分为湿法破碎和干法破碎，破碎或粉碎的程度需根据后续分选的实际需求而定。分选过程根据粒度、形状、密度、磁性、电导率等的差异可实现金属富集体与非金属富集体的有效分离，分选方法主要有磁选、重选、静电分选、涡流电分选、形状分选等。

干法回收工艺无需考虑产品的干燥和污泥处置问题，是研究和应用较为广泛的技术方法。日本 NEC 公司采用两段式破碎法处理拆卸元器件后的废弃电路板，利用特制破碎设备将废弃电路板粉碎成粒径小于 1mm 的粉末，铜可以很好地解离，且尺寸远大于玻璃纤维和树脂，经过两级分选可以得到铜质量分数约 82% 的铜粉，废弃电路板中超过 94% 的铜被回收，树脂和玻璃纤维混合粉末尺寸主要在 100～300μm 之间，可用作油漆、涂料和建筑材料的添加剂。马俊伟等人[19]研究发现，废弃电路板破碎产物粒度大于 0.9mm 时金属解离度很小，需进行再次破碎；粒度小于 0.074mm 的物料中金属品位较低，且产率极小，可作为塑料富集体进行资源化再利用；粒级为 0.074～0.9mm 的破碎产物单体解离度较高，适宜进行分选，一次电选后，破碎产物中铜品位可由 32.0% 富集到 63.6%，回收率为 78.7%。温雪峰等人[20]研究了"干法破碎 + 静电分选 + 离心分选"的回收处理工艺，如图 1-4 所示，研究结果表明：对于 0.5～2mm 级物料，可以得到品位为 95.42% 的金属富集体，综合效率可达 86.92%；对于 0.074～0.5mm 级物料，金属富集体的品位为 93.07%，综合效率为 73.11%；对于小于 0.074mm 级物料，金属富集体的品位为 76.89%，综合效率为 80.77%。

干法破碎具有投资小、运行成本低等优点，但作业过程中易产生粉尘污染。此外，赵明等人[21]研究发现，在连续化破碎过程中，废弃电路板局部瞬时温度可达 300℃，从而造成其中环氧树脂等有机组分分解，释放酚、醛、苯胺等多种有毒有害污染物。

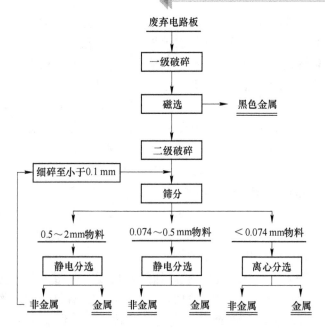

图 1-4　"干法破碎 + 静电分选 + 离心分选"回收处理废电路板

为减小或消除破碎过程中产生的粉尘，解决破碎过程中的有机物污染问题，C. Duan 等人[22]开展了"湿法破碎—离心分选"工艺研究，95.87% 的破碎产物粒度小于 1mm，金属回收率高于 94.30%。贺靖峰等人[23]提出了一种"湿法冲击破碎 + 分级 + 变径分选"回收废弃电路板中金属的工艺，破碎后废弃电路板颗粒的粒度集中于 0.5 ~ 1mm 和小于 0.074mm 两个粒度区间，金属回收率为93.73%。湿法破碎可避免粉尘和有害气体产生，所得产物粒径相对集中，可与后续分选工艺集成实现连续化生产，但可能产生有机废水污染问题。

根据树脂在低温下易变脆的特点，德国 Daimler Benz Ulm 研究中心[24]将废弃电路板切成 2cm×2cm 的碎块，磁选后用液氮冷冻后再进行粉碎，达到了良好的解离效果，其静电分选设备可分离尺寸小于 0.1mm 的颗粒，极大地提高了回收效率，甚至能从粉尘中回收贵金属，但该方法破碎过程成本过高，未得到广泛应用。

机械物理法在我国已有广泛的应用，分选后得到的非金属富集物可作为结构材料填料、改性塑料组分和建筑材料改性增强材料等实现资源化利用[25~27]，但金属富集体仍需配合其他冶金方法进行分离提纯。

1.3.2　热处理技术

1.3.2.1　焚烧法

焚烧法利用高温破坏废弃电路板中塑料、环氧树脂等有机组分结构，剩余残渣为裸露的金属及玻璃纤维，粉碎后即可送往冶炼厂进行金属回收。最原始的焚烧法采用简易的冲天炉、鼓风炉或反射炉为焚烧炉，废弃电路板中有机组分在炉膛内发生低温裂解或不完全燃烧，产生大量黑烟，并释放二噁英、呋喃等有毒有害气体，造成了严重的环境污染问题，已被明令禁止。

艾元方等人[28]开发了短回转窑-立窑型高温焚烧炉处理废弃电路板，短回转窑窑温 1200～1400℃，立窑窑温 1100～1300℃，保证有机组分充分燃烧，半工业化实验表明，烟气中无苯类化合物成分，二噁英含量低于 0.02ngTEQ/m³，烟气林格曼黑度为 1，炉渣浸出液无毒性，焚烧过程无需添加额外燃料。尹小林等人[29,30]采用改进型流化床对废弃电路板颗粒进行碱化焚烧，焚烧温度为 870～1400℃，通过碱化剂 Na_2CO_3、CaO、$NaNO_3$ 等的加入吸收有机物分解产生的卤素，抑制二噁英的生成，焚烧烟气经分级降温可实现部分易挥发金属的分离富集，铜、铁及金银钯等沉积富集于焚烧后灰渣中。

G. G. Wicks 等人[31]公开了利用微波加热实现废弃电路板资源化的方法，先将废弃电路板破碎，300～800℃微波加热 30～60min，有机分解产物及低熔点金属锡、铝等在压缩空气载气的携带下进入二级微波炉。剩余固体废料在 1000～1500℃高温下熔化，金、银及其他金属以合金小球的形式分离出来，重新冶炼后再利用；其他固体则形成一种玻璃化物质，可用作建筑材料。进入二级微波炉的有机挥发物在通过微波加热的碳化硅床时被完全燃烧分解，低熔点金属被回收。此技术目前仍处于实验室研究阶段。

1.3.2.2 热解法

热解法是将有机物质在隔绝空气条件下加热使之转化成燃料或化工原料的过程。在废弃电路板回收方面，热解法既可回收其中的有价金属，同时又能将树脂等有机组分资源化，正受到国内外研究人员越来越多的关注，其中代表性技术主要有常压热解法、真空热解法、熔盐热解法等。

常压热解法多在氮气保护性气氛下进行。孙路石等人[32]比较了大颗粒（15mm×15mm）、小颗粒（8mm×8mm）和粉末（0.2mm）在 600℃温度条件下的热解产物，结果表明，粉末状颗粒的气体产率较高，而固体和液体产率较低，而随着颗粒尺寸的增大，更易形成较长分子链的化合物，液体、固体产率逐渐增加。赵龙[33]认为废弃电路板最适热解温度为 500℃，此时热解油、气、固体产率分别为 10%、20%、70%，但三种产物都存在一定含量的溴，对其资源化利用具有潜在威胁，而通过添加 $NaOH$、$Ca(OH)_2$ 可将质量分数为 85% 以上的溴转化为无机溴，实现了热解气、热解油及热解固体的全面脱溴。德国 UNTHA Recyclingtechnik GmbH 公司开发了一种无需保护性气氛的常压热解废弃电路板的技术和装备，废弃电路板破碎料在 300～500℃条件下热解，产出富碳黑铜，烟气从热解炉顶部进入二次燃烧室再次高温燃烧，之后通过骤冷、碱洗等工序，避免二噁英的生成，该技术严格要求原料尺寸小于2cm，仅产出富碳黑铜一种产品，未能充分利用有机组分中蕴含的能量。

Y. H. Zhou 等人[34]开发了一种"离心分离—真空热解"处理废弃电路板的方法，通过油浴加热离心分离焊锡，再将脱锡后的电路板真空热解，得到热解油、裂解渣和热解气体，热解气体作为燃料为热解工艺提供能量，该方法实现了非金属组分的充分利用，但对设备要求较高，有机气体在收集过程中降温后凝结易造成管道堵塞。钟胜[35]提出了一种负压热解回收废弃电路板中树脂的方法，在氧化负压条件下热解废弃电路板粉末，产出炭粉、玻璃纤维粉和铜粉的混合物，该方法仍未解决气体污染物排放问题，且对原料粒度要求较高，产物仍需物理分选。

李飞等人[36]进行了 Na_2CO_3 - K_2CO_3 - NaOH 熔盐热解废弃电路板的实验研究，发现熔盐的存在可明显提高热解过程碳的气相转化效果，减少液体产物产量，减少固体残渣中的碳含量。热解过程释放的 HCl、HBr 等酸性气体被熔盐吸收，其他无机物和金属则被保留，解决了阻燃剂分解和重金属污染问题。L. Flandinet 等人[37]利用低熔点的41% NaOH-59% KOH（质量分数）共晶熔盐，在300℃条件下对废弃电路板碎片进行热解，强化了对酸性气体及 CO_2 的吸收，并破坏玻璃纤维结构，直接得到洁净的铜箔，释放高浓度 H_2，可作为燃料为热解过程提供能量。

此外，谭瑞淀[38]采用微波为热解过程提供能量，基本过程与微波焚烧法类似，但产物除金属小球外，还得到了热解油、热解气等高热值产物。

1.3.3　火法冶金技术

火法冶金技术是较为传统的废弃电路板中有色金属与贵金属资源化回收技术[39,40]，利用铜、铅等重金属对稀贵金属的捕集作用，获得高稀贵金属含量的铜锍、粗铜等，之后进一步通过火法或湿法的方式进行分离、提纯和产品制备，废弃电路板中有机物可为熔炼过程提供部分能量和还原性气氛，玻璃纤维可取代少量硅造渣剂。该技术已成功运用于工业实践，最具代表性的有比利时 Umicore-Isa 熔炼法、加拿大 Xstrata-Noranda 熔炼法、瑞典 Boliden-Kaldo 熔炼法等，德国、日本、韩国、奥地利等国家也采用类似方法处理废弃电路板，我国虽有学者和企业进行了相关研究探索，但仍有部分关键问题未能解决。

1.3.3.1　比利时 Umicore-Isa 熔炼法

比利时 Umicore 是世界先进二次资源回收企业的代表，其位于 Hoboken 的回收工厂主要以电子废弃物中的贵金属回收为主，工艺流程如图 1-5 所示。废弃电路板经多级破碎至尺寸小于 7mm×7mm 的碎片，与工业废渣、失效工业催化剂、阳极泥、废汽车催化剂等其他含贵金属二次资源搭配，进入 Isa 炉进行高温熔炼。物料中的有机组分可取代部分焦炭，为熔炼过程提供能量和一定的还原性气氛，部分铜直接以粗铜形式产出，用于电解精炼制备阴极铜，其中捕集的贵金属在阳极泥中富集，此外，还有部分铜在熔炼过程中被氧化形成浮渣，与高铅二次资源混合进入鼓风炉进行还原熔炼，铜以铜锍形式产出，返回 Isa 炉继续熔炼以回收铜，铅则形成粗铅进入精炼过程，镍、砷等其他金属主要形成渣相，需进行针对性的综合回收。贵金属在各级熔炼过程中被铜、铅、镍等重金属捕集，采用湿法处理过程进行回收提取。由于该工艺所处理原料全部为二次资源，其中有机组分成分复杂且含量较高，熔炼烟气及过程废气均采取了严格的控制及处理措施，防止二噁英的生成对环境造成危害。

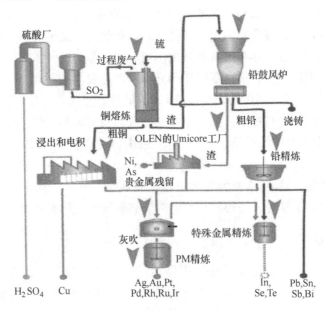

图 1-5 Umicore-Isa 熔炼法流程示意图[41]

1.3.3.2 加拿大 Xstrata-Noranda 熔炼法

加拿大 Xstrata 公司的 Horne 冶炼厂是北美唯——家大规模处理废弃物的企业，采用电子废弃物与铜精矿搭配熔炼技术，工艺流程如图 1-6 所示。

电子废弃物与铜精矿按比例搭配送入 Noranda 炉中 1250℃ 左右进行熔炼，贵金属被铜锍捕集，此后经吹炼、火法精炼、电解精炼等工序回收铜、镍、硒、碲、贵金属等，铁、铅、锌等被氧化溶于硅渣中，该渣冷却、粉碎后，进一步回收其中的有价金属。由于铜精矿熔炼后生成的高浓度 SO_2 对二噁英生成有较强的

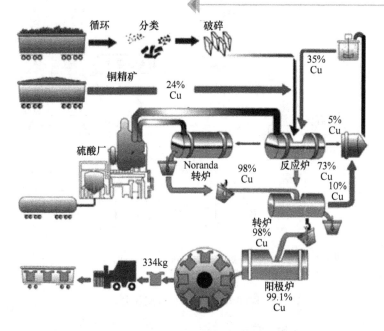

图 1-6　Xstrata-Noranda 熔炼法流程示意图[42]

抑制作用[43~45]，该熔炼烟气的处理方法与一般铜冶炼烟气处理方法基本一致，而未添加复杂的二噁英抑制工艺及设备。

1.3.3.3　瑞典 Boliden-Kaldo 熔炼法

瑞典 Boliden 公司的 Rönnskär 冶炼厂自 1980 年就已经开始商业化处理电子垃圾，建设有完善的铜、铅冶炼生产线，流程如图 1-7 所示。不同品位的二次物料被投入冶炼过程的不同环节，高铜废料被投入传统铜熔炼工序，电子废弃物与铅精矿搭配投入 Kaldo 熔炼炉[46]，熔炼后所产铜合金进入铜吹炼工序回收铜、镍、硒、锌及贵金属，烟灰中可回收铅、硒、铟、镉等，熔炼尾气 1200℃ 高温处理后回收 SO₂ 制硫酸。对于熔炼过程中产生的卤素含量较高的尾气，采用石灰吸收其中的氟，使其形成惰性沉淀物，氯和溴经处理后排入大海[47]。

1.3.3.4　面临的问题

火法冶金技术在废弃电路板处理方面虽已有成功的工业实践范例，但仍存在若干共性问题亟待解决[49,50]。

（1）传统的有色金属火法冶炼技术无法回收铝、铁，且氧化铝、四氧化三铁对熔炼过程渣型影响较大，现有火法冶金技术在处理废弃电路板过程中需严格控制原料中铝、铁含量，甚至要求不含铝。

（2）卤化阻燃剂高温分解可能生成二噁英，后续烟气处理系统投资巨大。

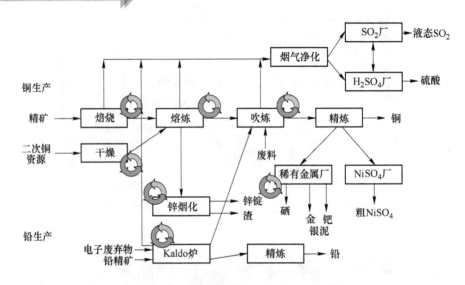

图 1-7 Boliden-Kaldo 熔炼法流程示意图[48]

（3）陶瓷和玻璃等组分造成渣量增多，金属损失量增大。

（4）有机物仅在加料初期提供能量和还原性气氛，维持时间短，不利于熔炼过程的稳定控制。

（5）仅熔炼过程无法实现金属的完全分离回收，后续过程，特别是贵金属提取，仍有赖于湿法工艺。

1.3.4 湿法冶金技术

湿法冶金技术是回收废旧电路板研究中应用最早的方法[51]。在进行湿法处理之前，废弃电路板要经过机械破碎、分选等预处理，增大物料与浸出剂的接触面积，减少非金属成分含量，提高浸出效率。湿法冶金技术应用于废弃电路板回收伊始侧重于贵金属的回收，而随着电子产品加工技术的不断进步，其中贵金属含量逐渐降低[52]，铜、锡等普通金属的回收价值开始显现。湿法处理包括浸出、沉淀、溶剂萃取、离子交换、吸附、电化学技术及各种联用工艺，根据浸出体系的不同，可将湿法处理技术分为酸溶法、氨浸法及针对贵金属回收的氰化法、卤化法等多种方法。

1.3.4.1 酸溶法

酸溶法是较为传统的金属回收方法，主要有硫酸浸出法[53]、硝酸浸出法[54,55]、王水浸出法[56,57]等，典型流程如图 1-8 所示，但这些工艺选择性差，浸出液成分复杂，后续金属分离流程复杂。近年来，采用酸-盐混合浸出体系提取废弃电路板中的铜正成为本领域研究热点之一。

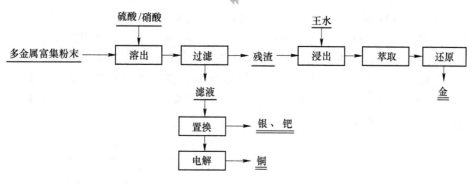

图 1-8 酸溶法典型流程

S. Fogarasi 等人[58]以 $FeCl_3$ 为氧化剂，在 HCl 溶液体系中浸出废电路板中的铜，浸出液直接输送到三室电化学反应器（ER）中电解，电解后液返回化学反应容器（CR）中浸出铜，氧化剂可实现循环利用。研究结果表明，溶液流速为 400 mL/min 时，75% 的铜可被溶出，电解过程每千克 Cu 电耗为 1.59 kW·h，所得阴极铜纯度大于 99.9%，残渣中金、银品位分别为初始品位的 15 倍和 10 倍。该方法工艺流程简单，试剂可循环再生，产品纯度高，但铜的回收率仍较低。

E. Y. Yazici 等人[59]以 Cu（Ⅱ）为氧化剂，采用 $HCl\text{-}CuCl_2\text{-}NaCl$ 体系浸出废弃电路板中 Fe、Ni、Ag、Pd、Au 等金属，当初始 Cu^{2+} 浓度大于 0.079mol/L 时，电路板中的 Cu、Fe、Ni、Ag 浸出率均大于 98%，Pd 浸出率为 68%～90%，Au 浸出率较低，在渣中富集，过程中通入空气或氧气实现 Cu（Ⅱ）的再生，保证浸出过程的高效进行，但后续金属的分离提取方法还未见报道。

1.3.4.2 氨浸法

氨浸法利用铜可与氨生成稳定的氨配离子的特点，实现废弃电路板中铜的选择性分离。T. Oishi 等人[60]将 CuO 溶于氨水中，添加 $(NH_4)_2SO_4$、NH_4Cl 制备得到浸出剂，废弃电路板中 Cu 被 Cu（Ⅱ）氧化，并与 NH_4^+ 配合进入溶液，同时少量的 Zn、Pb、Mn、Ni 也与 NH_4^+ 反应进入溶液，浸出液采用 Lix26 萃取提纯后电解制备高纯铜。J. Yang 等[61]以空气为氧化剂，采用 $NH_3\text{-}(NH_4)_2SO_4\text{-}H_2O$ 体系浸出废弃电路板中铜，浸出液通过 Lix84IT 萃取净化，同时加入一定量的 TBP 减少共萃氨量，净化后所得硫酸铜溶液通过"葡萄糖预还原—次亚磷酸钠二次还原法"制备得到高附加值的多层陶瓷电容器 MLCC 用超细铜粉。

氨浸法是废弃电路板中铜回收的有效方法，但其操作过程中不可避免会造成氨气的逸出，工作条件较差，易对周边环境造成污染。

1.3.4.3 贵金属回收方法

贵金属的高效回收是电子废弃物资源化的关键，而金作为其中回收价值最高的金属，具有极高的惰性，不溶于一般的强酸或强碱试剂，其高效提取一直是研究人员关注的重点问题。氰化法是成熟的金、银提取方法，在氧化性条件下，利用 CN^- 对金、银的配合作用使其转化为稳定易溶的离子，该方法成本低、回收率高，已被广泛应用于工业实践过程，但氰化钠（钾）为剧毒性物质，运输和使用过程中都可能对接触人员造成严重的伤害。随着环保要求的日益严苛，越来越多的无氰浸出工艺被开发并应用于废弃电路板中贵金属的回收，对已有浸出体系按氧化剂和配合剂分类，见表 1-5，目前研究较多的非氰试剂主要为硫脲、硫代硫酸盐、卤化物等。Y. Zhang 等人[62]用层次分析法对这几种浸出体系的经济可行性、环境影响、研究水平 3 个方面进行比较，表明硫脲法是目前最有可能取代氰化法应用于工业的方法。

表 1-5　贵金属浸出体系[63]

浸出体系	配合剂	氧化剂
氰化物	CN^-	O_2、H_2O_2
硫代硫酸盐	$S_2O_3^{2-}$	Cu^{2+}、O_2
硫脲	$CS(NH_2)_2$	Fe^{3+}、H_2O_2
硫化物	S_x^{2-}	O_2
硫氰酸盐	SCN^-	MnO_2、$KMnO_4$
氯化物	Cl^-	$NaClO$、Cl_2
溴化物	Br^-	Br_2
碘化物	I^-	I_3^-

1.3.5　生物处理技术

生物处理技术回收废弃电路板中有价金属的基本原理是利用微生物或其代谢产物与金属间的氧化、还原、溶解、吸附等反应，使金属氧化溶解进入溶液，从而实现有价金属的回收，常用微生物为硫杆菌和真菌。

J. Bai 等人[64]采用氧化亚铁硫杆菌对废弃电路板进行浸出，浸出 5 天时，Cu 浸出率为 92.5%，同时 Zn、Pb、Ni 也进入溶液，延长浸出时间至 9 天，Cu 浸出率可达 99.0%，研究发现废弃电路板破碎粒度对金属浸出率有显著影响。H. Brandl 等人[65]利用真菌类微生物浸出电子废弃物粉末中的金属，在 30℃条件下，耗时 21 天，铜浸出率为 65% 以上。吴思芬等人[66]以单质硫为能源物质，以城市污水厂污泥为菌株来源及培养基，利用氧化硫硫杆菌代谢过程产生的有机酸浸出废电路板粉末中的铜，浸出 24 天后，铜浸出率可达 93.7%。

生物处理法具有工艺简单、污染小、操作方便的优点，但浸出时间长、效率较低，且微生物的培养繁殖困难，目前该类方法多处于实验室研究，尚未真正投入工业化生产。

1.3.6 新兴技术

除上述方法外，超临界流体、等离子体、离子液体等新兴技术也开始用于废弃电路板的资源化回收研究。

1.3.6.1 超临界流体法

超临界流体法利用超临界流体的特殊性质来破坏印刷电路板中的黏结层，使得电路板层与层之间完全分离，从而实现对各个组分的回收，该方法类似于热解法，但电路板表面无液态热解油附着，更加有利于材料层的分离及高纯化[67]。常见的超临界流体法包括超临界水氧化法和超临界 CO_2 萃取法。

（1）超临界水氧化法。德国 Fraunhofer 化工高分子学院与 Daimler-Benz 研究中心合作发明了采用超临界水回收废弃电路板组成材料的方法[68]，在高于水超临界条件（临界温度 374℃、临界压力 22.1MPa）的环境中，以氧气为氧化剂，以水为反应介质，有机物与氧化剂在均一的超临界流体相中反应。在高温、高压的富氧条件下，废弃电路板中有机物主要被转化为 CO_2 和 H_2O，N 转变成 N_2 或 N_2O，S 和卤素以无机盐沉淀析出。此外，处理过程中添加适量的 NaOH 有助于强化氧化过程及卤素的吸收[69]。

（2）超临界 CO_2 萃取法。美国德克萨斯理工大学的先进制造中心率先研究了采用超临界 CO_2 流体回收废弃印刷线路板的方法，利用处于临界温度（31℃）和临界压力（7.38MPa）之上的 CO_2 流体的高溶解性、高扩散性和良好的流动性来破坏废弃线路板中起黏结作用的树脂，从而分离出铜箔层和玻璃纤维层[70,71]。潘君齐等人[72]分析了超临界 CO_2 流体环境下废弃电路板内部的应力分布，认为分层的直接原因是由于高温高压产生的内部应力以及超临界流体对树脂等黏结材料的破坏，分层效果受温度影响较大。

此外，超临界甲醇[73]、超临界丙酮[74]等也被应用于废弃电路板的处理研究。超临界法具有处理效率高、反应彻底、快速、可氧化降解绝大多数的有机物、不会形成二次污染等优点，但该方法无法实现金属间的分离，所得产物中各种金属还需进一步提纯处理。

1.3.6.2 等离子体法

J. G. Day[75]公开了一种利用等离子体技术回收废弃电路板中贵金属的方法，废弃电路板被破碎后加热到不低于1400℃的高温，其中金属组分完全熔化，而其他组分则形成一种陶瓷渣相。铜可作为贵金属捕集剂保证贵金属回收率，必要时可适当添加，此外还需加入 7%~10%（质量分数）SiO_2 作为辅助造渣剂以降低熔炼温度。采用该方法处理废弃电路板 15min，其中铂、钯回收率分别为 80.3%

和 94.2% 。

1.3.6.3　离子液体法

P. Zhu 等人[76,77]利用自合成的 [EMIM$^+$] [BF$_4^-$] (1-ethyl-3-methylimizado-lium tetrafluoroborate) 离子液体,在 240℃ 条件下分离废弃电路板表面的焊锡并脱除元器件,再升温至 260℃ 使基板中的溴化环氧树脂完全溶解,实现铜箔及玻璃纤维的回收。离子液体的高成本是该技术推广应用过程中面临的最大问题。

1.3.7　资源化技术评价

从环境影响来讲,机械物理处理技术可能引起的二次污染最小,主要集中在破碎过程中可能引起的车间粉尘污染,且机械物理处理技术是其他技术的预处理手段,其他技术均可能产生额外的废水、废气、废渣等污染物。

从技术成熟度来讲,机械物理处理技术、火法冶金技术和湿法冶金技术已应用于工业实践,虽然仍面临部分问题,但相对于热处理技术、生物处理技术和新兴技术,可操作性更高。

从资源化效果来讲,物理机械技术通过多级分选可得到含铜量高于 90% 的铜粉,但非金属粉末的循环利用效果不佳;火法冶金技术所得铜锍、粗铜、粗铅等几乎捕集了废弃电路板中所有的贵金属,有机组分被燃烧;热处理技术可实现有机组分的资源化回收,同时得到铜箔、合金小球等。但这些方法无法完全实现金属间的分离,尤其是贵金属的回收仍需通过湿法冶金技术实现。

从投资成本和运行成本来讲,物理机械处理技术是其他处理方法的基础,火法冶金技术需要庞大的配套设施,热处理技术对设备要求高,湿法冶金技术对原料粒度要求较高,而新兴技术试剂消耗和能源消耗偏高,各技术各有优缺点。

严格意义上讲,任何一种方法都无法实现废弃电路板的完全资源化、无害化,只有将各种方法相互配合、交叉使用才能实现最优化。

1.4　碱性熔炼方法介绍

1.4.1　碱性熔炼方法原理

碱性熔炼是指以碱性熔盐为介质,在远低于传统火法冶金冶炼温度下(一般不超过 900℃)进行熔炼,得到相应的金属单质或盐的过程。碱性熔炼过程不同于传统的火法冶金过程,其熔炼温度较低,不产生熔融渣,有液、固两相存在,而与湿法冶金过程相比,碱性熔炼过程形成的液态相包括熔盐与液态金属两相,又具有火法冶金特点[78]。

根据熔炼体系的不同,可将低温碱性熔炼分为直接熔炼、氧化熔炼和还原熔炼。目前，直接熔炼主要被用于从复杂资源中提取高纯材料，如 SiO_2、ZnO 等，氧化熔炼研究集中在铝灰、阳极泥等含金属单质或氧化物的二次资源的回收利用方面，还原熔炼则主要用于铋精矿、锑精矿、铅精矿等原生矿产的提取。

1.4.2 低温碱性熔炼应用实例

1.4.2.1 二氧化硅的提取

二氧化硅是许多矿物中的主要成分，结构稳定，除游离态外，还可包覆、结合其他有价组分，形成难提取的复杂矿物，如蛇纹石（$Mg_3Si_2O_5(OH)_4$）、董青石（$Mg_2Si_5Al_4O_{18}$）等榄石型硅酸盐矿物。在碱性熔炼过程中，二氧化硅与碱反应生成可溶性的硅酸钠，而镁则生成难溶性的氢氧化镁沉淀，反应如式（1-1）、式（1-2）所示，通过水浸出即可实现 Si 与 Mg 的分离。

$$Mg_3Si_2O_5(OH)_4 + 4NaOH \Longrightarrow 3Mg(OH)_2 + 2Na_2SiO_3 + H_2O \qquad (1-1)$$

$$Mg_2Si_5Al_4O_{18} + 14NaOH \Longrightarrow 2Mg(OH)_2 + 5Na_2SiO_3 + 4NaAlO_2 + 5H_2O$$
$$(1-2)$$

此外，多数矿物中都会含有少量铝，在碱性熔炼过程中形成铝酸钠，体系中溶解的 SiO_2 可能与铝酸钠发生反应，生成水合铝硅酸钠沉淀。因此，SiO_2 提取率的高低取决于含硅矿物溶解与铝硅酸钠析出间的竞争。

采用碱性熔炼法从硼精矿[79]、红土镍矿[80] 中提取 SiO_2 的研究表明，最佳的操作条件为碱矿比 4:1、熔炼温度 550℃、熔炼时间 20 ~ 30min，在此条件下，SiO_2 提取率在 92% 以上，镍、铁、镁等元素在渣中富集。相对传统有色金属提取工艺对 SiO_2 的丢弃处理，碱性熔炼工艺在不影响其他金属提取的基础上开发了新产品，为有色金属资源的高附加值综合利用开辟了一条新途径。

1.4.2.2 氧化锌矿熔炼

氧化锌矿是锌的次生矿，是硫化锌矿长期风化的产物，成分复杂，品位低，冶炼较为困难，而随着硫化锌矿的日益枯竭，氧化锌矿利用研究的重要性日益凸显。氧化锌矿的存在形式主要有菱锌矿（$ZnCO_3$）、异极锌矿（$Zn_4Si_2O_7(OH)_2 \cdot H_2O$）、红锌矿等。

在碱性熔炼过程中，氧化锌矿中的有效成分 ZnO 及 PbO、SiO_2 等有价成分与碱反应生成 Na_2ZnO_2、Na_2PbO_2、Na_2SiO_3 等可溶盐，经溶出进入溶液，再采用分步碳分逐步分离 ZnO、SiO_2、PbO，原矿中的铁、钙等不与 $NaOH$ 反应，富集于渣中。陈兵等人[81]将氧化锌矿和 $NaOH$ 以碱矿比 6:1 的比例混合，在 400℃条件下熔炼 4h 后，ZnO 提取率可达 82.4%。

1.4.2.3 铝灰的回收

铝灰是铝工业生产中主要的副产品，产生于所有铝发生熔融的工序，总量占铝生产过程总损失量的 1%~12%[82-84]，主要成分为铝单质或氧化铝。

郭学益等人[85]以含铝 37.5% 的铝灰为原料，按照碱灰比 1.3、盐灰比 0.7（NaNO₃）或 0.4（Na₂O₂）配制熔炼体系，在 500℃ 条件下熔炼 1.0h，熔炼产物经水浸出后，铝灰中 92.7% 以上的 Al 以 $NaAlO_2$ 形式溶解于水溶液中，通过晶种分解得到回收，而 Mg、Ca、Si 等留于浸出渣中与 Al 分离。

此外，该方法还可用于生产电解铝工艺所需的高活性高氟氧化铝及冰晶石、水玻璃等[86]，生产过程环境友好，能耗大大低于传统工艺，流程短，操作简单。

1.4.2.4 铋精矿冶炼

传统的铋精矿冶炼分为湿法和火法：湿法投资大、成本高，生产过程产生大量废渣和废水，污染严重；火法主要采用反射炉还原熔炼，1300~1350℃ 条件下与煤粉、铁屑等还原剂混合熔炼 10h 以上，能耗大，且产出大量低浓度 SO_2 污染环境。

低温碱性炼铋工艺以 NaOH 或 Na_2CO_3 为主要熔炼体系，在 600~900℃ 条件下熔炼，一步熔炼产出粗铋，球磨炉渣和锍后，浸出回收钠盐，反应如式（1-3）、式（1-4）所示。

$$4Bi_2S_3 + 24NaOH === 8Bi + 3Na_2SO_4 + 9Na_2S + 12H_2O \uparrow \qquad (1-3)$$

$$4Bi_2S_3 + 12Na_2CO_3 === 8Bi + 3Na_2SO_4 + 9Na_2S + 12CO_2 \uparrow \qquad (1-4)$$

肖剑飞等人[87]以 Bi 含量约 19.8% 的铋精矿为原料，在 NaOH-Na_2CO_3 熔盐体系中进行固硫自还原熔炼，在 NaOH 与 Na_2CO_3 质量比为 20:133、碱过量系数为 1.64、熔炼温度 780~830℃、熔炼时间为 1.5h 条件下，铋的直收率可达 96.5%，所得粗铋品位为 98%；通过添加炭粉强化还原后，铋直收率可提升至 98.9%，粗铋品位为 97.7%。

此外，铋精矿中常混有一定量的辉钼矿，在熔炼过程中也可与 NaOH 或 Na_2CO_3 反应，生成易溶于水的钼酸钠，浸出后可从溶液部分回收钼。此方法经过一步低温熔炼便可达到既生成粗铋又回收钼的效果，大幅度降低了铋的冶炼温度，节约了大量能源，原料中的含铍矿物在碱性熔炼过程中结构不会被破坏，全部留在浸出渣中，不会对水体造成污染，同时彻底消除了低浓度 SO_2 烟气的污染，对铋冶炼技术的进步具有重大意义[88]。

1.4.2.5 锑精矿冶炼

金属锑与铋同为 V_A 族元素，化学性质相似，传统冶炼方式基本一致。目前，锑生产的主要方法为鼓风炉挥发熔炼法，熔炼温度高（大于1200℃），低浓度 SO_2 烟气排放量大且难处理，易造成环境污染，严重制约了锑工业的发展[89]。

锑精矿的碱性熔炼过程在 Na_2CO_3-NaCl 熔盐体系中进行，通过加入 C 或 CO

强化还原性气氛，同时加入 ZnO 在产出金属锑的同时实现碳酸钠的再生，即 Na_2CO_3 在碱性熔炼前后化学形态保持不变，此外，ZnS 的形成避免了 Na_2S 与 Sb_2S_3 生成锑锍降低金属锑的直收率，熔炼过程中的主要反应如式（1-5）~式（1-7）所示。

$$2Sb_2S_3 + 6ZnO + 3C === 4Sb + 6ZnS + 3CO_2 \uparrow \qquad (1-5)$$

$$Sb_2S_3 + 3Na_2CO_3 + 3CO === 2Sb + 3Na_2S + 6CO_2 \uparrow \qquad (1-6)$$

$$Na_2S + ZnO + CO_2 === Na_2CO_3 + ZnS \qquad (1-7)$$

叶龙刚等人[90]以含锑量 37.21% 的硫化锑精矿为研究对象，配制锑精矿-$NaCl$-Na_2CO_3 质量比为 1:4.5:6 混合体系，在 850℃ 条件下熔炼 1h，锑平均直收率高达 84.42%，粗锑品位为 86.66%。该工艺解决了传统锑冶炼过程能耗高、污染重的问题，同时通过 ZnO 的加入，实现了熔盐的循环使用，降低了生产成本。

1.4.2.6 铅精矿冶炼及再生铅回收

铅精矿的碱性熔炼研究起步最早，目前已形成较完整的熔炼体系，过程中的基本反应如式（1-8）、式（1-9）所示。

$$4PbS + 8NaOH === 4Pb + Na_2SO_4 + 3Na_2S + 4H_2O \uparrow \qquad (1-8)$$

$$2PbS + 2Na_2CO_3 + C === 2Pb + 2Na_2S + 3CO_2 \uparrow \qquad (1-9)$$

刘青[91]将 NaOH 与铅精矿按质量比 0.7~1.0 混合后加入电炉，一步熔炼得到粗铅，97%~98% 的贵金属及 Bi 富集到粗铅中，Cu、S、As、Sb 等进入碱浮渣，采用湿法处理综合回收，同时实现碱再生。郭睿倩等人[92]研究发现，在氧化性气氛下对 PbS 进行碱性熔炼依然可以得到粗铅，具体反应如式（1-10）所示。

$$2PbS + 3O_2 + 4NaOH === 2Pb + 2Na_2SO_4 + 2H_2O \uparrow \qquad (1-10)$$

徐盛明等人[93]以主要成分为 Pb 70.1%、Fe 6.1%、Zn 2.8%、S 15.0%、SiO_2 0.8% 的铅精矿为原料，经过碱性熔炼后，铅直收率为 94.1%，粗铅品位高于 98%，无需脱铜即可进行电解精炼，且低温操作减少烟气排放约 95%，改善了操作条件。

在此基础上，唐谟堂等人[94]公开了再生铅碱性熔炼的专利技术，处理废旧铅酸蓄电池等各类含铅二次资源。以 NaOH 为熔炼介质，以 PbS 或其他硫化物为还原剂，将再生铅原料中的 PbO、PbO_2、$PbSO_4$ 等还原成金属铅，熔炼温度由一般再生铅生产的 1350~1500℃ 降低到 600~700℃，铅回收率可达 95% 以上，且不需外加还原煤、石英砂等添加剂，不产生 SO_2，消除了铅蒸气和铅尘污染，实现了废水零排放。以色列学者 E. V. Margulis[95]采用类似方法得到了基本相同的结果。

另外，当再生铅原料中含有较高的 Sn、Sb、As 等元素时，可在 450℃ 温度条件下，利用 $NaNO_3$ 将 Sn、Sb、As 等氧化，所得氧化物与 NaOH 反应形成相应的可溶性钠盐而与金属铅分离，产出的精炼渣富含 Sb、Sn、As，可充分回收利用其中的有价金属[96]。粗铅的碱性精炼过程也是使用此原理。

1.4.2.7 多金属复杂矿的处理

自然界中，金属矿床大多伴生在一起，特别是我国的有色金属矿产，多金属共生，矿相结构复杂，重、贵金属与稀散金属共存。现有方法在处理这些矿石时，首先经过破碎、浮选生产出普通精矿，再采用传统的火法—湿法联合工艺，依次提取有价金属[97]，生产流程长，工艺复杂。

S. Xu 等人[98]采用碱性熔炼处理含银铅精矿，扩试结果表明铅、银的直收率分别高于96%和92%，粗铅含铅约98%、含银约1%；J. Yang 等[99,100]在不高于800℃温度条件下处理含铍硫化铋钼矿，铋直收率可达99%，其中的钼可回收97%左右，铍矿物结构未被破坏，不会对环境造成污染；谢兆凤等人[101]开展了脆硫铅锑矿无污染冶炼工艺研究，将精矿、纯碱、煤粉按质量比100:50:10均匀混合，在980℃条件下熔炼60min，可得到铅、锑与贵金属的合金，锌、铟等伴生金属元素进入渣相被富集，原料中的硫全部以硫化钠形式被固定在熔炼渣中。

以上实验结果均表明，碱性熔炼在多金属复杂矿的处理方面具有独特的优势和良好的发展前景。

1.5 研究背景及主要研究内容

1.5.1 研究背景

随着电子信息产业的快速发展，电子产品更新换代加速，产生了大量的电子废弃物，给全球的生态环境造成了巨大的威胁。印刷电路板是电子产品的重要组成部分，含有约40%的高品位金属单质或合金，主要为 Cu、Fe、Sn、Ni、Pb、Al、Zn、Au、Ag 等，若不能进行有效处理，不仅是对资源的极大浪费，而且其中的重金属及有毒有害物质也会对环境造成污染。目前，处理废弃电路板的方法有机械物理处理技术、热处理技术、火法冶金技术、湿法处理技术、生物处理技术和超临界法、等离子体法、离子液体法等新兴技术，这些技术在不同程度上仍面临二次污染、金属回收效率低、投资成本高等问题，此外，这些技术主要关注了贵金属和铜的回收，而对其他金属的回收研究较少。

本书以我国废弃电路板回收行业大量产出却未得到有效处理的多金属富集粉末为研究对象，提出基于碱性熔炼技术的有价金属分离提取新工艺，综合回收原料中的 Cu、Sn、Pb、Zn、Al 等有价金属，同时使贵金属进一步富集，为废弃电路板的高效清洁资源化提供新方法。同时，本书建立了较为完整的碱性氧化熔炼体系理论，为有色金属复杂资源处理提供技术支持。

本书的研究依托国家自然科学基金项目"废弃电路板多金属富集粉末碱性熔

炼基础研究"（编号：51074190）开展工作。

1.5.2 主要研究内容

本书以废旧家电电路板物理分选所得的多金属富集粉末为原料，以有价金属分离富集回收为目标，旨在开发基于碱性熔炼技术的有价金属分离提取新工艺。研究采用的主要工艺流程如图1-9所示。通过对工艺过程进行详细的理论分析和系统的工艺优化实验研究，为废弃电路板资源化提供理论和技术支持。

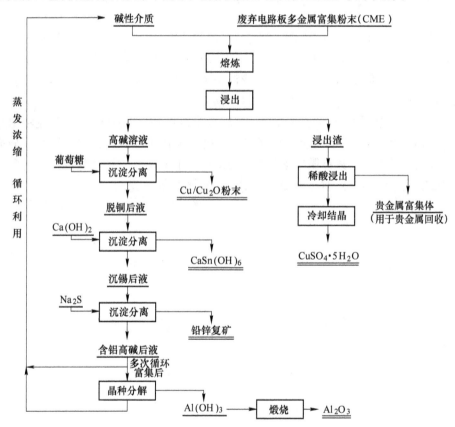

图1-9 废弃电路板多金属富集粉末中有价金属回收原则工艺流程

本书研究工作将主要围绕以下内容展开：

（1）废弃电路板多金属富集粉末组成结构分析。通过对废弃电路板多金属富集粉末的来源、结构以及金属赋存状态进行分析，确定多金属富集粉末成分特点，为后续处理工艺路线的选择提供依据。

（2）碱性熔炼、浸出及两性金属分离过程基础理论研究与分析。分析碱性介质在熔炼过程中的作用机制，通过热力学计算和验证实验推演两性金属在碱性氧化熔炼过程中的转化历程和迁移行为；绘制 E-pH 图分析碱性溶液中金属存在状态，测定主金属 Pb、Sn 对应熔炼产物在碱性溶液中的溶解行为及相互影响，为浸出工艺条件的选择提供理论依据，为溶液中有价金属的分离提供指导；基于溶液中有价金属存在形式，设计有价金属分离提取工艺并分析其分离机理。

（3）多金属富集粉末碱性熔炼过程研究。选取典型碱性氧化熔炼介质，通过系统的单因素条件实验考察各工艺条件参数对金属转化分离效果的影响，通过中心复合设计法探讨熔炼过程优化条件区域，采用正交实验考察熔炼条件影响显著性顺序，对比分析不同体系的作用特点及效率，确定适宜的碱性熔炼体系及工艺条件。

（4）熔炼产物浸出过程研究。选用水浸出工艺对熔炼产物进行处理，分离两性金属转化所得钠盐和难溶组分，探索浸出过程工艺条件对金属分离率的影响；基于分形几何基本理论，推导分形修正的收缩核模型，并应用于熔炼产物浸出动力学的研究，探讨提高金属分离率的措施。

（5）有价金属的分离提取研究。采用分步沉淀法依次分离提取碱性浸出液中 Cu、Sn、Pb、Zu 等有价金属，确定分离提取优化实验条件，探索熔炼介质循环利用的可行性，考察铝循环富集后再分离回收的效果；采用稀酸浸出工艺浸取碱性浸出渣中的铜，并通过冷却结晶制备硫酸铜产品。

2 实验研究方法

2.1 实验原料

2.1.1 原料来源及预处理

研究所用实验原料由深圳某废旧家电回收企业提供。废旧家电经人工拆解后得到带元器件的废弃电路板，200℃左右烤板熔化焊锡，手工摘除高危元器件（如高压电容器等）及部分可回用元器件（二极管、三极管等）后，电路板经多级破碎、风选、磁选即可得到多金属富集体碎片，经进一步球磨后得到实验用多金属富集粉末（crushed metal enrichment，CME），如图2-1所示。

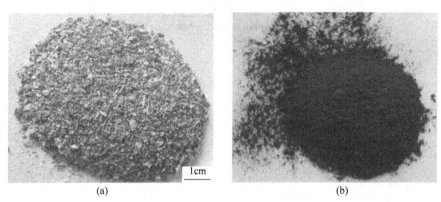

1cm

(a)   (b)

图2-1　多金属富集体球磨前（a）后（b）对比

2.1.2 化学组成分析

对原料样品进行化学成分分析，结果见表2-1。

表2-1　多金属富集粉末化学组成

物质	Cu	Al	Sn	Pb	Zn	Au	Ag	其他（树脂、玻璃纤维等）
质量分数/%	60.67	4.94	7.38	5.06	2.27	50g/t	176g/t	19.68

由表2-1可知，铜是该原料中的主要金属，树脂及玻璃纤维由于在电路板制作过程中与金属紧密压制黏合，在破碎、分选过程中难以彻底解离，仍残留

19.68%，其他组分主要为铝、锡、铅、锌等两性金属，贵金属含量相对较低。

2.1.3　元素赋存特点分析

由电路板制作过程可知，其中金属多以单质或合金状态存在，主金属铜以高纯铜箔形式与绝缘基板依次间隔排列，铅、锡主要作为合金焊料用于元器件与基板间的连接，同时，部分元器件中还含有铝、锌等金属。废弃电路板继承了这些特征，如图 2-2 所示。

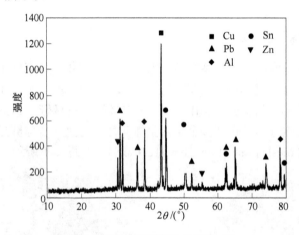

图 2-2　多金属富集粉末 XRD 图

家用电器所用电路板多为单层板或双层板，铜箔与基材间的黏结作用相对较弱，在破碎、粉碎过程中易暴露。此外，由于物料力学特性不同，金属（特别是铜）表现出较好的韧性，受外力作用后易打团成类球形，硬质塑料也呈现颗粒状，而纤维和树脂呈棒状或片状，未解离的基板也为片状，此外，金属与非金属间还常存在包裹现象。对原料粉末进行 SEM 检测，如图 2-3 所示，选取其中的代

图 2-3　多金属富集粉末 SEM 图

表性颗粒及区域进行 EDS 成分分析，如图 2-4 所示。由 EDS 分析结果可判断，图 2-3 中颗粒 1 为硬质塑料，颗粒 2 为树脂纤维基板材料，颗粒 3 为金属铜颗粒，颗粒 4 为金属对非金属的包裹体。

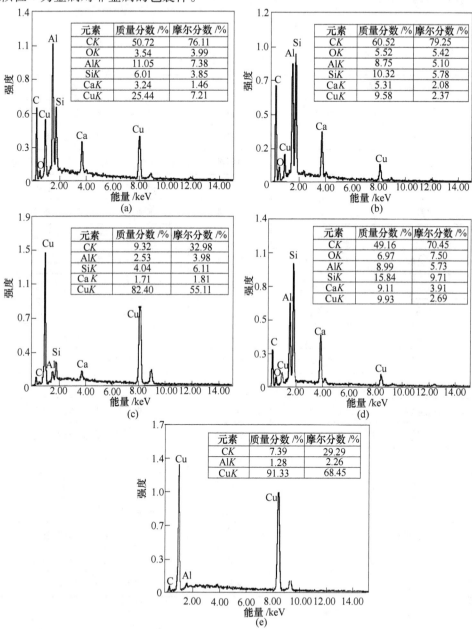

图 2-4　多金属富集粉末代表区域 EDS 分析

(a) 区域 1；(b) 区域 2；(c) 区域 3；(d) 区域 4-a；(e) 区域 4-b

2.2 实验试剂和仪器

2.2.1 实验试剂

实验所需主要化学试剂见表 2-2。

表 2-2 实验所需主要化学试剂

试剂名称	化学式	纯度	生 产 商
氢氧化钠	NaOH	分析纯	国药集团化学试剂有限公司
硝酸钠	NaNO$_3$	分析纯	西陇化工股份有限公司
锡粉	Sn	分析纯	中国医药（集团）上海化学试剂公司
铅粉	Pb	分析纯	国药集团化学试剂有限公司
铝粉	Al	分析纯	国药集团化学试剂有限公司
还原铁粉	Fe	分析纯	国药集团化学试剂有限公司
无水乙醇	CH$_3$CH$_2$OH	分析纯	天津市大茂化学试剂厂
盐酸	HCl	分析纯	湖南省株洲市化学工业研究所
硫酸	H$_2$SO$_4$	分析纯	湖南省株洲市化学工业研究所
硝酸	HNO$_3$	分析纯	株洲石英化玻有限公司
碳酸钠	Na$_2$CO$_3$	分析纯	国药集团化学试剂有限公司
硫代硫酸钠	Na$_2$S$_2$O$_3$	分析纯	国药集团化学试剂有限公司
氟化氢铵	NH$_4$·HF$_2$	分析纯	湖南汇虹试剂有限公司
可溶性淀粉	(C$_6$H$_{10}$O$_5$)$_n$	分析纯	湖南省轻工业协会有限公司
碘化钾	KI	分析纯	天津市恒兴化学试剂制造有限公司
碘酸钾	KIO$_3$	分析纯	天津市恒兴化学试剂制造有限公司
氧化铅	PbO	分析纯	湖南湘中化学试剂有限公司
三水合锡酸钠	Na$_2$SnO$_3$·3H$_2$O	分析纯	广东光华科技股份有限公司
二氧化锡	SnO$_2$	分析纯	国药集团化学试剂有限公司
氧化亚锡	SnO	分析纯	国药集团化学试剂有限公司

注：实验用水均采用去离子水。

2.2.2 实验仪器

实验所需主要设备和仪器见表 2-3。

表 2-3 实验所需主要设备和仪器

名　　称	型　　号	生　产　商
箱形电阻炉	SX2-8-16	长沙市远东电炉厂
坩埚电阻炉	SG2-3-10	天津市福元铭仪器设备有限公司
真空干燥箱	DZF-6020	上海迅博实业有限公司
电热鼓风干燥箱	101 型	北京永光明医疗有限公司
电热恒温水浴锅	DK-7000-ⅢL	天津泰斯特仪器有限公司
集热式恒温磁力搅拌器	DF-101S	江苏省金坛市医疗仪器厂
数显恒速电动搅拌器	JJ-60	杭州仪表有限公司
高温烧结管式炉	GSL-1700X	合肥科晶材料技术有限公司
电子分析天平	FA2004	上海上平仪器公司
台式离心机	TDL-4	上海安亭科学仪器厂
循环水式多用真空泵	SHB-B95	郑州长城科工贸有限公司

玻璃器皿为烧杯、容量瓶、锥形瓶、量筒、滴定管、三角漏斗、具塞比色管、移液管、温度计等。

2.3 实验方法及流程

2.3.1 碱性熔炼—浸出实验

称取一定量成分如表 2-1 的 CME 粉末，与需要量的 NaNO₃、NaOH 置于 150mL 特制镍坩埚中，充分搅拌混合均匀，放入控温的箱式电阻炉/井式坩埚炉（控温精度 ±5℃）内熔炼一定时间；熔炼结束后取出坩埚，待熔炼产物冷却后用小型研磨机破碎至小于 150μm。

按实验要求量取一定体积的蒸馏水于烧杯中，置于恒温水浴锅（控温精度 ±0.1℃）中，水浴加热至设定温度后，加入破碎后的熔炼产物，搅拌浸出一定时间。浸出实验结束后趁热抽滤，用少量水直接在布式漏斗内喷淋洗涤浸出渣，浸出渣烘干后称取质量，量取浸出液与洗涤液的混合体积，同时移取 0.5mL 混合液于 100mL 容量瓶中，加入 15mL 浓硝酸（65%~68%）酸化，加蒸馏水定容、摇匀，采用 ICP-OES 检测其中 Cu、Pb、Sn、Al、Zn 等金属浓度。

2.3.2 高碱溶液中有价金属分离提取实验

采用优化碱性熔炼—浸出实验条件处理废弃电路板多金属富集粉末，制备 10L 左右高碱溶液，备用。溶液中有价金属分离提取实验方案为：葡萄糖脱铜—

石灰沉锡—硫化钠沉铅锌，最终碱性溶液经蒸发结晶去除水分后返回碱性熔炼过程循环使用。具体操作流程如下：

（1）葡萄糖脱铜实验。取 200mL 碱性浸出液，恒温搅拌条件下，加入一定量的固体葡萄糖，实验结束后离心分离沉淀物与溶液，蒸馏水洗涤沉淀物并离心分离，沉淀物烘干后称取质量，量取沉淀后液、洗涤液混合体积，采用 ICP-OES 检测溶液中金属浓度。

采用优化葡萄糖脱铜条件处理高碱溶液，制备 8L 左右脱铜后液，备用。

（2）石灰沉锡实验。取 200mL 脱铜后液，恒温搅拌条件下，加入一定量的熟石灰，实验结束后抽滤，用少量水直接在布式漏斗内喷淋洗涤沉淀渣，烘干后称取质量，量取沉淀后液、洗涤液混合体积，ICP-OES 检测溶液中金属浓度。

采用优化沉锡条件处理脱铜后液，制备 4L 左右除锡后液，备用。

（3）硫化钠沉铅锌实验。取 200mL 除锡后液，恒温搅拌条件下，加入一定量的 $Na_2S \cdot 9H_2O$，实验结束后抽滤，用少量水直接在布式漏斗内喷淋洗涤沉淀渣，烘干后称取质量，量取沉淀后液、洗涤液混合体积，ICP-OES 检测溶液中金属浓度。

（4）碱性介质循环实验。按照优化的碱性熔炼—浸出—葡萄糖脱铜—石灰沉锡—硫化钠沉铅锌实验条件处理 CME 粉末，采用酸碱滴定方法确定最终溶液中碱含量，采用离子色谱法测定最终溶液中氧化剂硝酸钠的含量，蒸发浓缩至无明显水分后真空干燥，计算回收产物中碱与氧化剂质量，按优化熔炼条件要求，补入适量的碱性介质，返回熔炼过程，循环 5 次以上，确定碱性介质循环利用的可行性和反应活性。

2.3.3 浸出渣中铜的提取实验

量取一定体积特定浓度的稀硫酸于烧杯中，置于恒温水浴锅中，水浴加热，开启搅拌并调整搅拌速度至设定值，按照实验要求称取适量的浸出渣缓慢加入烧杯中。浸出实验结束后趁热抽滤，用少量水直接在布式漏斗内喷淋洗涤浸出渣，浸出渣干燥、称取质量；将浸出液和洗涤液合并、摇匀、记录体积，采用碘量法测定其中铜离子浓度。

将浸出液水浴加热至 80℃，恒温蒸发浓缩至溶液浑浊出现悬浮物，转移溶液至设定温度较低的恒温条件下，冷却结晶一段时间后抽滤，结晶产物 60℃ 低温干燥、称取质量，碘量法测定溶液中残余铜离子浓度。

2.3.4 熔炼过程金属转化过程研究

熔炼过程金属转化过程实验装置示意图如图 2-5 所示。具体的操作流程如

下：称取一定量的金属粉末与 NaOH 或 NaNO₃ 混合均匀置于订制镍方舟中，推入
管式炉中部恒温区，密封，以 2L/min 气流速度通入干燥氩气 10min，使炉中空气
充分排净，将管式炉升到预定温度，并保温适当时间，期间维持氩气流量 30mL/
min 左右。采用 XRD 检测熔炼产物物相组成。

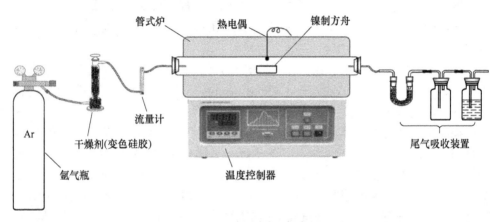

图 2-5　熔炼过程装置示意图

2.3.5 碱式钠盐溶解度测定实验

采用等温溶解平衡法测定 Na_2SnO_3、PbO 在碱液中的溶解度变化情况，实验
装置如图 2-6 所示，实验过程中温度波动控制在 ±0.1℃ 范围内。取 200mL 一定
浓度的 NaOH 溶液加入三颈烧瓶中，水浴升温至设定温度，称取一定量 Na_2SnO_3·
$3H_2O$ 或 PbO，在搅拌条件下少量多次加入烧瓶中，当试剂不再溶解时，继续恒温
搅拌 6h，保温静置 96h，取上清液分析各物质含量，溶解度数据取两次实验平
均值。

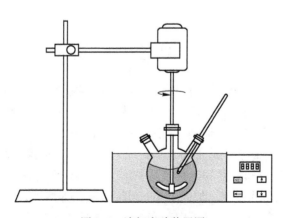

图 2-6　溶解实验装置图

2.4　分析表征方法

2.4.1　溶液成分分析

溶液碱度采用酸碱滴定法测定，以酚酞为指示剂，稀硝酸滴定。

溶液中 NO_3^-、NO_2^- 含量采用离子色谱仪 IC（861，Metrohm Agencies）进行测定。

一般溶液中的铜、铅、锡、锌、铝等元素的含量采用等离子体发射光谱仪 ICP-OES（Optimal 5300DV，Perkin-Elmer Instruments）进行测定，待测溶液需稀释至 Na^+ 浓度低于 1g/L。

锡酸钠溶解度测定实验中，采用碘酸钾滴定法（GB/T 23278.1—2009）检验低碱度溶液（NaOH < 200g/L）中锡浓度，具体操作如下：取一定量样液于锥形瓶中，加入 1g 还原铁粉，加入 1:1 盐酸 100mL，将锥形瓶接还原装置，如图 2-7 所示，低温加热至铁粉完全溶解，通入 CO_2 气体并放入冷水槽中稍冷，加入 1.5g 铝粉，停止通入 CO_2，连续摇动锥形瓶至大部分金属铝溶解，继续加热煮沸至产生大气泡 1min 左右。在 CO_2 保护下，将锥形瓶放入冷水槽冷却至室温，加入 5mL 淀粉溶液（10g/L），用已知浓度的碘酸钾溶液滴定至浅蓝色，同时做空白实验。锡浓度计算公式如式（2-1）所示，平行测定 3 次取平均值。

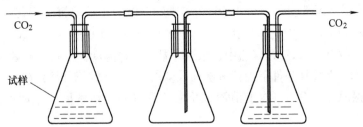

图 2-7　还原装置示意图

$$c_{Sn} = \frac{c \times (V_1 - V_0) \times 59.35}{V} \tag{2-1}$$

式中，c_{Sn} 为待测液中锡的浓度，g/L；c 为碘酸钾溶液浓度，mol/L；V_1 为到达滴定终点时所需的碘酸钾溶液的体积，L；V_0 为空白实验中碘酸钾溶液消耗量，L。

浸出渣硫酸浸出及冷却结晶实验中，采用碘量法检测溶液中铜浓度，具体操作如下：取一定量样液，加入适量的纯水稀释，加入 5mL 醋酸-醋酸钠缓冲液；加 1g 碘化钾摇匀；用已知浓度的硫代硫酸钠溶液滴定至呈浅黄色；加 2mL 淀粉指示剂，继续滴定至呈浅蓝色；加入 15mL 20% 硫氰化钾溶液，继续用硫代硫酸钠溶液滴定至溶液蓝色消失（或浅肉粉色），铜浓度计算公式如式（2-2）所示，平行测定 3 次取平均值。

$$c_{Cu} = \frac{c_i \times V \times 158}{V_{Cu} \times 64} \tag{2-2}$$

式中，c_{Cu}为待测液中铜的浓度，g/L；c_i为硫代硫酸钠浓度，g/L；V为到达滴定终点时所需的硫代硫酸钠溶液的体积，L；V_{Cu}为待测液的体积，L。

2.4.2　金属转化率计算

碱性熔炼—浸出过程及浸出渣酸浸溶铜过程金属转化/浸出率计算公式为：

$$R_i = \frac{c_i V}{m\omega_i} \times 100\% \tag{2-3}$$

式中，R_i为金属 i 转化率，%；c_i为溶液中金属 i 浓度，g/L；V为溶液总体积，L；m 为 CME 粉末质量；ω_i为金属 i 在 CME 粉末中所占质量分数，%。

高碱溶液中有价金属分离提取实验中，铜、锡、铅、锌沉淀率按照式（2-4）进行计算。

$$\eta = 100\% - \frac{cV}{c_0 V_0} \times 100\% \tag{2-4}$$

式中，η 为该元素沉淀率，%；V_0为沉淀前液的体积（200mL）；c_0为沉淀前液中该元素的浓度，g/L；V为沉淀后液的体积，L；c 为沉淀后液中该元素的浓度，g/L。

2.4.3　样品检测与表征

采用 X 射线衍射（XRD）、扫描电子显微镜（SEM）、差热-热重（DSC-TGA）、X 射线荧光（XRF）等分析方法对原料粉末、过程中间产物及最终产物进行检测与表征，采用熔体综合测试仪对熔炼过程中熔盐性质进行定量表征。

2.4.3.1　X 射线衍射分析

研究中采用日本理学 D/max-2550 型 X 射线衍射仪对固体样品的物相结构进行表征，衍射条件为：铜靶（$\lambda = 0.154$nm），管电压 40kV，管电流 200mA，扫描范围 10°~80°，扫描速度 10°/min。所得衍射谱使用 MDI Jade5.0 软件进行分析。

2.4.3.2　扫描电子显微镜分析

研究中采用日本电子 JSM-6360LV 型扫描电镜对各固相的表面微观形貌进行表征，加速电压 30kV，分辨率 3.0nm。

2.4.3.3　差热-热重分析

研究中采用美国 TA 公司 SDT Q600 V8.0 型差热-热重分析仪对固体样品热化

学行为进行表征，升温范围为室温到 1000℃，升温速度 0.1~10℃/min，在空气或氮气保护性气氛下进行检测。

2.4.3.4 X 射线荧光分析

研究中使用日本 Shimadzu 公司 XRF-1800 型 X 射线荧光光谱仪对实验样品进行半定量全元素分析。将待测样品干燥，研磨至小于 0.074mm（200 目），使用压片机压制成圆形试样，使用 X 射线直接照射试样，通过探测器接收并测定由此产生的二次 X 射线的能量强度和数量，即可判断试样中元素种类和含量，该方法可测量的元素范围为原子序数 8（O）到 92（U）。

2.4.3.5 熔体性质综合测试

采用鞍山市科翔仪器仪表有限公司 RTW-10 熔体物性综合测试仪对熔炼过程熔盐密度、黏度、表面张力等性质进行测试，测试范围 300~700℃，采用降温测试法，温度降低至测试点维持 30min 后开始检测，其中密度采用阿基米德法，黏度采用扭转法，表面张力采用提拉法。

3 CME 粉末回收过程基础理论研究与分析

3.1 引言

本章依据废弃电路板多金属富集粉末中有价金属回收原则工艺流程，对熔炼过程中碱性介质行为、有价金属转化行为进行热力学分析和实验验证，明确熔炼过程中碱性介质作用机理、金属元素转化机制和分配特征，确定重点强化对象；对碱性溶液中有价金属存在形态进行热力学分析，对高含量两性金属锡、铅对应熔炼产物在碱性溶液中的溶解情况进行测定，明确浸出过程中目标元素溶解限度，为浸出条件的选择提供参考和依据；对碱性溶液中有价金属的分离提取工艺进行分析，阐明分离提取过程原理及有价金属物相转变机制，为后续实验研究提供理论依据。

3.2 碱性熔炼过程特征分析

3.2.1 熔炼介质行为特征

废弃电路板多金属富集粉末中，金属多以单质或合金状态存在，为使其转化、分离，需选用氧化性熔炼体系。NaOH 是碱性熔炼过程中必不可少的反应介质，在熔炼过程中对酸性或两性氧化物起吸收和转化作用。$NaNO_3$ 是碱性熔炼过程中最常用的氧化剂，对金属单质或合金起氧化作用，是整个熔炼过程得以进行并实现金属分离的必要条件。

图 3-1 显示了 NaOH、$NaNO_3$ 混合物在高温下的相变化情况，由图可知，随 NaOH 与 $NaNO_3$ 配比的变化，混合体系熔点在 250～320℃ 温度范围内波动，且在 NaOH 与 $NaNO_3$ 摩尔比为 1:1、2:1 处可形成稳定的化合物，分别为 Na_2OHNO_3、$Na_3(OH)_2NO_3$。

采用 DSC-TGA 分析对实验用分析纯 NaOH、$NaNO_3$ 在高温过程中的行为特征进行表征，结果如图 3-2 和图 3-3 所示。

由 NaOH 基本物理化学性质可知，NaOH 对水分有极强的吸收作用，可吸收空气中的少量水形成游离水和结晶水。结合图 3-2 所示分析结果可判断，样品中的游离水在 80℃ 左右脱除，结晶水则需在 300℃ 左右脱除，样品在 320℃ 左右熔化，此后，在气流作用下开始出现挥发，挥发现象在 600℃ 以后加剧，质量损失

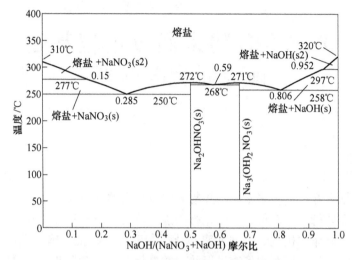

图 3-1 NaOH-NaNO₃ 体系高温相图

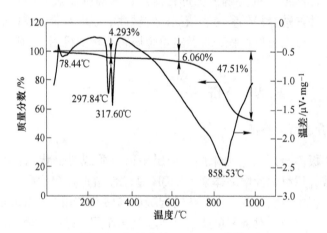

图 3-2 氢氧化钠 DSC-TGA 曲线

速率加快。

由图 3-3 可知,NaNO₃ 样品在 307℃ 左右有尖锐的吸热峰,此后有大范围吸热现象,但无明显的吸热峰,360℃ 左右开始出现微弱的质量损失,550℃ 以后,损失严重,1000℃ 后样品残留率仅 22.70%,损失率高达 77.30%。结合 NaNO₃ 基本物理化学性质可判断,NaNO₃ 在 307℃ 左右熔化,360℃ 开始分解,但在空气气氛下,分解产物 NaNO₂ 可被氧气氧化,再次转化为 NaNO₃,因而质量损失较小,在 550℃ 以后分解挥发现象加剧,样品质量急剧损失。

NaNO₃ 在高温下的分解历程较为复杂,分解产物可能有 NaNO₂、Na₂O、NO、NO₂ 等,对应的分解反应如下所示:

$$2NaNO_3 \longrightarrow 2NaNO_2 + O_2 \uparrow \tag{3-1}$$

$$4NaNO_3 \longrightarrow 2Na_2O + 4NO_2 \uparrow + O_2 \uparrow \qquad (3-2)$$

$$4NaNO_3 \longrightarrow 2Na_2O + 5O_2 \uparrow + 2N_2 \uparrow \qquad (3-3)$$

$$2NaNO_3 \longrightarrow Na_2O + O_2 \uparrow + NO \uparrow + NO_2 \uparrow \qquad (3-4)$$

根据质量守恒定律，若 $NaNO_3$ 分解反应按式（3-1）进行，则固态产物质量残留应为81.18%，若按式（3-2）~式（3-4）进行，则质量残留率为36.47%。在碱性熔炼过程中，大量熔融的 NaOH 等碱性介质可有效吸收 $NaNO_3$ 分解产生的酸性气体 NO、NO_2，使其再次转化为 $NaNO_2$、$NaNO_3$，因而反应式（3-2）、式（3-4）在碱性熔炼过程中发生的可能性较小。

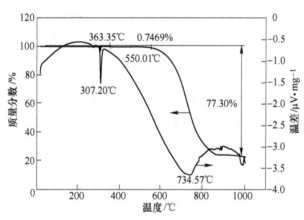

图 3-3　硝酸钠 DSC-TGA 曲线

由于 DSC-TGA 分析所用样品量极少（毫克级），无法准确测定特定比例的 $NaOH-NaNO_3$ 混合体系在高温下的行为特征，采用普通熔炼过程对高温过程中 $NaNO_3$ 在纯 $NaNO_3$ 体系和 $NaOH-NaNO_3$ 混合体系（质量比为1:1）中的分解行为进行对比研究，熔炼产物经纯水浸出后，采用离子色谱分析浸出液中 NO_3^- 和 NO_2^- 含量，结果如图 3-4 所示。

由图 3-4 可知，纯 $NaNO_3$ 熔炼时，600℃以后开始出现分解现象，与 DSC-TGA 分析结果基本一致，而在 $NaOH-NaNO_3$ 体系中，$NaNO_3$ 在550℃便有较为明显的分解现象，且分解速率快于纯 $NaNO_3$ 体系，在两体系中，$NaNO_2$ 均为主要的分解产物，但总 N 量减少，即有少量含 N 气体逸出。B. Liu 等人[102]认为熔融 NaOH 中的 OH^- 极化了 NO_3^- 中的 N—O 键，极大地促进了 $NaNO_3$ 的分解，大量氧化性更强的活性氧 O、O_2^{2-}、O_2^-、O^{2-} 被释放，其中 O_2^{2-} 的氧化性远强于 $NaNO_3^{[103]}$，大大提高了反应介质的氧化能力。此外，Y. Zhang 等人[104]在研究 $NaOH-NaNO_3$ 体系处理铬铁矿时发现，矿物原料对活性氧的消耗进一步促进了 $NaNO_3$ 的分解，使反应在更低温度下进行，熔炼温度低于400℃时，$NaNO_3$ 分解产物主要为 O_2、$NaNO_2$，高于400℃后，分解产物为 O_2、N_2、Na_2O。

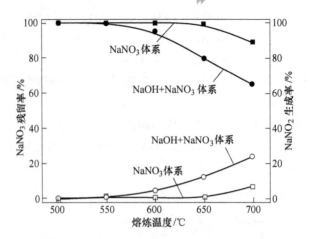

图 3-4 温度对硝酸钠分解产物组成的影响

因此，$NaNO_3$ 在熔炼过程中的氧化机理可表示如下：

$$NaNO_3 \longrightarrow NaNO_2 + O \qquad (<400℃) \qquad (3-5)$$

$$NaNO_3 \longrightarrow \frac{1}{2}Na_2O + \frac{1}{2}N_2 + \frac{5}{2}O \qquad (>400℃) \qquad (3-6)$$

$$O + O \longrightarrow O_2 \uparrow \qquad (3-7)$$

$$2OH^- \longrightarrow O^{2-} + H_2O \uparrow \qquad (3-8)$$

$$O^{2-} + O \longrightarrow O_2^{2-} \qquad (3-9)$$

$$O_2^{2-} + O_2 \longrightarrow 2O_2^- \qquad (3-10)$$

综上所述，$NaNO_3$ 除作为氧化剂外，其分解产物 Na_2O 又可作为碱性反应剂，进一步与酸性氧化物或两性氧化物反应；NaOH 作为主要碱性反应介质的同时，促进了 $NaNO_3$ 的分解和活性氧的产生。

3.2.2 熔炼过程主要反应

根据碱性熔炼过程中反应介质作用机理，可推测废弃 CME 中典型两性金属 Pb、Sn、Al、Zn 在碱性熔炼过程中发生反应如式（3-11）~式（3-18）所示，其中式（3-11）~式（3-14）中 $NaNO_3$ 分解产物为 $NaNO_2$ 与 O_2，式（3-15）~式（3-18）中 $NaNO_3$ 分解产物为 N_2、Na_2O 与 O_2。

$T<400℃$ 时，有

$$Pb + 2NaOH + NaNO_3 \longrightarrow Na_2PbO_2 + H_2O \uparrow + NaNO_2 \qquad (3-11)$$

$$Sn + 2NaOH + 2NaNO_3 \longrightarrow Na_2SnO_3 + H_2O \uparrow + 2NaNO_2 \qquad (3-12)$$

$$2Al + 2NaOH + 3NaNO_3 \longrightarrow 2NaAlO_2 + H_2O \uparrow + 3NaNO_2 \qquad (3-13)$$

$$Zn + 2NaOH + NaNO_3 \longrightarrow Na_2ZnO_2 + H_2O \uparrow + NaNO_2 \qquad (3-14)$$

$T>400℃$ 时，有

$$5Pb + 8NaOH + 2NaNO_3 \longrightarrow 5Na_2PbO_2 + 4H_2O \uparrow + N_2 \uparrow \qquad (3-15)$$

$$5Sn + 6NaOH + 4NaNO_3 \longrightarrow 5Na_2SnO_3 + 3H_2O \uparrow + 2N_2 \uparrow \qquad (3-16)$$

$$10Al + 4NaOH + 6NaNO_3 \longrightarrow 10NaAlO_2 + 2H_2O \uparrow + 3N_2 \uparrow \qquad (3-17)$$

$$5Zn + 8NaOH + 2NaNO_3 \longrightarrow 5Na_2ZnO_2 + 4H_2O \uparrow + N_2 \uparrow \qquad (3-18)$$

通过查阅各类相关热力学手册、文献资料、软件数据库，可得到相关物质在一般碱性熔炼温度范围内的生成自由能数据，见表3-1，计算各反应单位量自由能变化（金属量为1mol），如图3-5所示。

表3-1 熔炼过程相关物质在熔炼温度范围内的 $\Delta_f G_m^{\ominus}$

物 质	$\Delta_f G_m^{\ominus}/kJ \cdot mol^{-1}$					备注
	600K	700K	800K	900K	1000K	数据来源
NaOH(l)	-474.82	-490.16	-504.40	-520.08	-538.26	文献 [105]
NaNO₃(l)	-550.15	-574.14	-606.27	-634.44	-664.35	文献 [105]
NaNO₂(l)	-449.12	-465.53	-489.69	-515.36	-542.39	文献 [105]
N₂(g)	-118.38	-139.85	-161.76	-184.05	-206.72	文献 [105]
H₂O(g)	-359.10	-380.76	-402.83	-425.53	-448.52	文献 [105]
Sn	-35.39	-44.14	-53.30	-62.82	-72.66	文献 [105]
Pb	-42.13	-51.59	-61.50	-71.78	-82.40	文献 [105]
Zn	-28.06	-35.29	-42.09	-55.61	-58.63	文献 [105]
Al	-20.01	-24.89	-30.20	-35.90	-42.72	文献 [105]
Na₂SnO₃	-897.36	-871.92	-846.48	-821.04	-795.60	文献 [106]
Na₂PbO₂	-757.50	-781.69	-808.02	-836.31	-866.43	Factsage®
Na₂ZnO₂	-871.93	-893.50	-917.06	-942.42	-969.39	Factsage®
NaAlO₂	-1184.86	-1198.59	-1213.77	-1231.55	-1247.89	文献 [105]

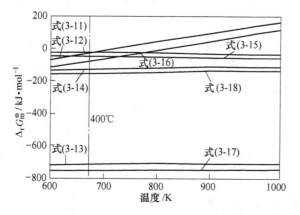

图3-5 两性金属在碱性熔炼条件下的反应自由能变化

由图 3-5 可知，由热力学角度而言，反应式（3-11）~式（3-18）均有可能发生，但 Sn、Pb 反应的热力学趋势相对较低，而 Sn、Pb 在 CME 粉末中含量较高，且 Sn 是回收价值较高的元素之一，因此，Sn、Pb 的转化、迁移是碱性熔炼过程工艺研究中需重点强化的部分。

采用相同方法分析 CME 粉末中的主金属 Cu 及贵金属 Au、Ag 在高温氧化性条件下可能发生的转化，如图 3-6 所示。由图 3-6 可知，贵金属 Au、Ag 在碱性熔炼温度范围内不会被 $NaNO_3$ 氧化，保持单质形态，主金属 Cu 的氧化过程在 $NaNO_3$ 分解产物为 Na_2O、N_2 时可能发生，而 $NaNO_3$ 分解产物为 $NaNO_2$ 时，反应过程对应的 $\Delta_f G_m^\ominus$ 大于零，反应不能自发进行。

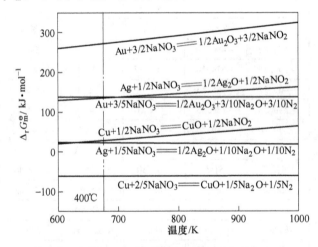

图 3-6　Cu、Au、Ag 可能反应的自由能变化

关于 CuO 高温下与碱之间反应的研究较少。V. P. Yurkinskii 等人[107]研究了高纯铜在熔融 NaOH 中的抗腐蚀性能，高温条件下，铜箔两面均被氧化，且氧化膜的形成并不会阻碍氧化过程的继续进行，CuO 与 NaOH 反应生成了 Na_2CuO_2，Na_2CuO_2 进一步与 NaOH 的分解产物 Na_2O 反应生成 $Na_6Cu_2O_6$，两种钠盐均溶于熔体中。然而，实验测得 400℃ 条件下铜箔腐蚀速率为 13.4mm/a，500℃ 条件下为 17.6mm/a，腐蚀速率极慢，说明在氧化和碱转化两步骤中至少有一项动力学反应速率较慢，属于控制步骤，考虑到氧化膜的形成可明显观察到，倾向于认为碱转化过程为控制步骤，即 CuO 与 NaOH 反应形成钠盐的反应速率较慢。本书中，熔炼时间以小时计，远远短于 Yurkinskii 等的实验时间，因而可认为 CuO 与 NaOH 之间的反应程度极低。

3.2.3　代表元素转化行为研究

以 Sn、Pb 在 $NaOH\text{-}NaNO_3$ 熔炼体系中的转化行为为例，通过分段实验研究元素在熔炼过程中的转化行为，同时考察熔炼介质作用机制。

3.2.3.1 Sn 在碱性熔炼过程中的转化行为

Sn 在熔融的 $NaOH\text{-}NaNO_3$ 体系中反应所得产物 XRD 图谱如图 3-7 所示，为保证 Sn 有较高的转化效率，$NaOH$、$NaNO_3$ 添加量均为理论量的两倍，具体操作见 2.3.4 节。

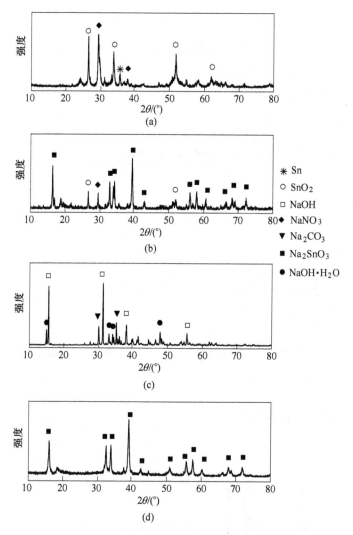

图 3-7 锡熔炼产物 XRD 图

(a) $Sn + NaNO_3$ 350℃，60min；(b) $Sn + NaNO_3$ 500℃，60min；

(c) $Sn + NaOH$ 500℃，60min；(d) $Sn + NaOH + NaNO_3$ 500℃，60min

由图 3-7 可知，Sn 与 $NaNO_3$ 在低于 400℃温度条件下熔炼时（图 3-7(a)），熔炼产物为 SnO_2，而熔炼温度高于 400℃时（图 3-7(b)），有大量 Na_2SnO_3 生成，验证了 $NaNO_3$ 分解为 Na_2O 的分析（式（3-6）），$NaNO_3$ 既是氧化剂，又可作为碱性反应剂。在非氧化性条件下，Sn 无法与 NaOH 直接反应（图 3-7(c)），在 NaOH-$NaNO_3$ 混合熔炼体系中（图 3-7(d)），Sn 转化产物为 Na_2SnO_3，与预期一致。

3.2.3.2 Pb 在碱性熔炼过程中的转化行为

采用与 3.2.3.1 节类似的方法研究 Pb 在 NaOH-$NaNO_3$ 熔炼体系中的转化行为，所得各熔炼产物 XRD 图谱如图 3-8 所示。

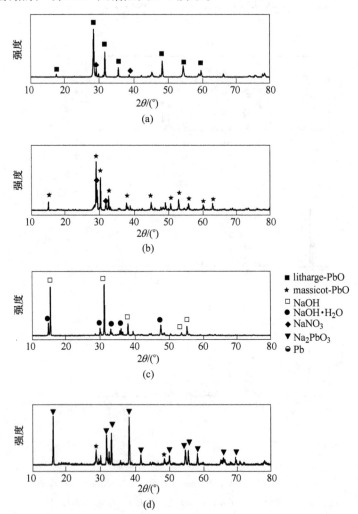

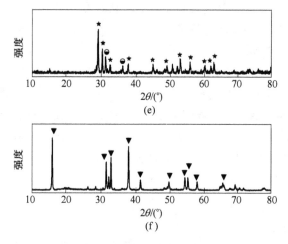

图 3-8 铅熔炼产物 XRD 图

(a) Pb + NaNO₃ 350℃, 60min; (b) Pb + NaNO₃ 500℃, 60min;

(c) Pb + NaOH 500℃, 60min; (d) Pb + NaOH + NaNO₃ 500℃, 60min;

(e) PbO + NaOH 500℃, 60min; (f) PbO₂ + NaOH 500℃, 60min

由图 3-8(a)、(b) 可知，NaNO₃ 可将 Pb 氧化为 PbO，熔炼温度低于 500℃时产物为红色斜方晶型（litharge），而熔炼温度高于 500℃时产物为黄色正方晶型（massicot）[108]，两者可因温度变化相互转化[109]。Pb 与 NaOH 共熔过程中（图 3-8(c)），由于 Pb 密度较大，形成铅块，未与 NaOH 反应。Pb 与 NaOH-NaNO₃熔炼时（图 3-8 (d)），所得产物为 PbO 与 Na_2PbO_3，而并非预期产物 Na_2PbO_2，此外，NaOH-PbO 熔炼产物（图 3-8(e)）中也未检测到 Na_2PbO_2 物相，多次实验验证了该结果。NaOH-PbO 高温相图中显示了 Na_2PbO_2 制备的可能性[110]，但 Panek 等人[111]在制备 Na_2PbO_2 过程中所用条件为密封银质反应器中 700℃反应 30 天，因此可推断 Na_2PbO_2 形成条件苛刻，本研究所选用碱性熔炼操作范围内无 Na_2PbO_2生成。同时，Na_2PbO_3的形成说明 Pb 在熔炼过程中被氧化为 PbO_2（图 3-8(f)）。对比图 3-8(b)、(d)、(e) 可知，NaOH-NaNO₃二元体系的氧化能力远大于纯 NaNO₃体系的氧化能力，NaOH 的存在促进了 O_2^{2-} 等氧化性更强的活性氧的生成，Pb（Ⅱ）可能被进一步氧化成 Pb（Ⅳ），进而转化成为 Na_2PbO_3，反应如式（3-19）、式（3-20）所示。

$$Pb + 2NaOH + 2NaNO_3 \longrightarrow Na_2PbO_3 + H_2O\uparrow + 2NaNO_2 \quad (<400℃)$$

（3-19）

$$5Pb + 6NaOH + 4NaNO_3 \longrightarrow 5Na_2PbO_3 + 3H_2O\uparrow + 2N_2\uparrow \quad (>400℃)$$

（3-20）

然而，目前尚未有任何文献报道碱性溶液中 PbO_3^{2-} 或 $Pb(OH)_6^{2-}$ 等 Pb（Ⅳ）

的存在，E-pH 图显示 Pb（Ⅳ）仅以 Pb_3O_4 或 PbO_2 等固态形式存在，而实验发现熔炼产物水溶性良好。因此可推断，Na_2PbO_3 在水溶液中易被还原为可溶的 PbO_2^{2-}、$Pb(OH)_n^{2-n}$ 等形态。

综上所述，Pb 在 $NaOH$-$NaNO_3$ 熔炼—浸出过程中可能的转化行为如图 3-9 所示。在纯 $NaNO_3$ 作用下，Pb 仅被氧化为 PbO，氧化产物结构与熔炼温度直接相关，Pb 无法与熔融的 NaOH 直接反应，但 NaOH 可极大地促进 $NaNO_3$ 的氧化作用，在 $NaOH$-$NaNO_3$ 混合熔炼体系中，Pb 被氧化为 Pb（Ⅳ），进而转化为 Na_2PbO_3，该产物在溶液中不稳定，易被还原，最终以 PbO_2^{2-}、$Pb(OH)_n^{2-n}$ 等形态存在于碱性溶液中。

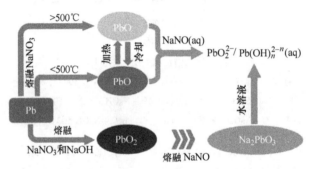

图 3-9　Pb 在 NaOH-NaNO₃ 熔炼—浸出过程中的转化行为

3.2.4　非金属组元行为分析

树脂及玻璃纤维等非金属组分在电路板制作过程中与金属紧密压制黏合，在破碎、分选过程中难以被彻底分离，这些非金属成分，尤其是含阻燃剂的树脂，在普通熔炼、焙烧过程中分解易产生二噁英等有毒有害气体。

二噁英是二噁英类（dioxins）的简称，是指含有 1 个或两个氧键连接两个苯环的含氯有机化合物及其衍生物，包括 210 种化合物，这类物质结构稳定，难溶于水，是已知毒性最强的致癌物。二噁英的形成机理虽然尚无定论，但现有研究普遍认为不完全燃烧、氯源、飞灰是其形成必备的条件、原料和介质[112]。

研究所选用的碱性氧化熔炼过程中，体系中所含有的大量活性氧为有机物的燃烧提供了充足的氧化性气氛，可有效避免有机物的不完全燃烧；NaOH 是目前工业应用中最有效的二噁英抑制剂[113]，熔融的碱性介质可以有效吸收有机物分解所释放的 Cl_2、HCl 等氯源[114]；连续的熔融液相可阻隔飞灰的形成，即使有少量飞灰逸出，其表面酸度也会因为强碱性的体系环境而改变，从而不再适合二噁英的生成[115]。

综上所述，碱性氧化熔炼过程可从不完全燃烧、氯源、飞灰等三方面阻隔二噁英的生成，据此推断，二噁英在研究所用工艺中产生的可能性微乎其微。

3.3 碱性浸出过程特征分析

通过 3.2 节部分对 CME 中各金属行为分析可知，碱性熔炼过程中，两性金属被转化为可溶性盐类，主金属铜可能被氧化，但进一步与碱反应的程度较低，微量的贵金属在实验范围内则保持惰性，因此，通过水浸出工艺即可实现两性金属与铜等其他金属元素的分离。为强化熔炼过程提高两性金属转化率，熔炼过程需添加过量的碱及氧化剂，未完全反应的碱和氧化剂残留于熔炼产物中，在浸出过程中进入溶液，使浸出液呈碱性，溶液体系条件将直接决定金属在溶液中的溶解行为和存在形式，并对后续分离提取工艺的选择设计产生影响。

3.3.1 溶液中金属离子存在形式分析

3.3.1.1 E-pH 图的应用及绘制

在复杂的溶液体系中，金属元素因体系条件的不同而可能形成阳离子、氧化物、含氧阴离子或者配合阴离子等，也可能因发生氧化还原反应而以低价或者高价化合物存在。水溶液体系的平衡与温度、金属离子浓度、pH 值、氧化还原电势等各种参数关系密切，其中氧化还原电势和溶液 pH 值影响较为显著，因此通常以电势和 pH 值为参数绘制系统的平衡图，即 E-pH 图，用以研究体系平衡条件及相应的反应过程。

E-pH 图的绘制过程可归纳为：

（1）查明给定条件（一般为温度）下溶液体系中可能存在的离子、化合物及相应的标准摩尔生成吉布斯自由能。

（2）列出体系中存在的有效平衡反应，并计算反应的标准吉布斯自由能变化。

（3）计算各反应平衡时电位 E 与 pH 值的关系并绘图。

金属-水系中的反应可概括为：

$$aA + mH^+ + ne \longrightarrow bB + cH_2O \qquad (3-21)$$

式中，A 或 B 为金属的某种离子形态，根据反应过程中有无电子或氢离子参与，水溶液体系中发生的化学反应可以分为以下 3 种类型[116]：

（1）有 H^+ 参与反应但没有电子迁移，即反应过程中不发生氧化还原过程，各物质没有价态变化。反应方程式可简化为：

$$aA + mH^+ \longrightarrow bB + cH_2O \qquad (3-22)$$

当反应达到平衡时，根据反应自由能变化可得：

$$pH = \frac{-\Delta_r G_m}{2.303RT} - \frac{b}{m}lg\alpha_B + \frac{a}{m}lg\alpha_A \qquad (3-23)$$

（2）有电子迁移但是没有 H^+ 参与反应，反应方程式可简化为：

$$aA + ne \Longrightarrow bB \tag{3-24}$$

当反应达到平衡时，由能斯特方程可得：

$$E = E^{\ominus} - \frac{0.0591}{n} \lg \frac{\alpha_B^b}{\alpha_A^a} \tag{3-25}$$

（3）反应过程既有电子迁移又有 H^+ 参与，即式（3-21）所示反应。

当反应达到平衡时，由能斯特方程可得：

$$E = E^{\ominus} - \frac{0.0591}{n} \lg \frac{\alpha_B^b}{\alpha_A^a} - 0.0591 \frac{m}{n} pH \tag{3-26}$$

除目标金属随体系条件的不同可能发生以上变化外，水作为溶液体系的基本溶剂，随电位的变化也可能发生氧化还原反应，从而导致体系呈现非稳定状态，反应如下：

（1）氢线 a 的反应方程式为：

$$2H^+ + 2e \Longrightarrow H_2 \tag{3-27}$$

当反应达到平衡时，由能斯特方程可得：

$$E = -0.0591 pH \tag{3-28}$$

（2）氧线 b 的反应方程式为：

$$O_2 + 4H^+ - 4e \Longrightarrow 2H_2O \tag{3-29}$$

当反应达到平衡时，由能斯特方程可得：

$$E = 1.23 - 0.0591 pH \tag{3-30}$$

若水溶液中电位低于氢线，则水将被还原析出氢气，若电位高于氧线则水被氧化析出氧气，所以反应在水溶液中进行时，氧化还原电位必须保持在氢线和氧线之间。

3.3.1.2 Sn、Pb 存在形式分析

查阅相关文献资料[117]，分别计算并绘制了 298K、离子浓度 0.01mol/L、p_{O_2} 与 p_{H_2} 为 101325Pa（1atm）时 Sn-H_2O 系、Pb-H_2O 系 E-pH 图，如图 3-10 和图 3-11 所示。

由图 3-10 可知，Sn 在 pH 值为 0 ~ 15 范围、水的稳定区域内有 Sn^{2+}、$Sn(OH)_4$、$Sn(OH)_2$、$Sn(OH)_6^{2-}$ 等 4 种稳定存在形式。随着体系电位的提高，在酸性溶液中 Sn 由 Sn（Ⅱ）被氧化为 Sn（Ⅳ），而 pH 值的逐渐升高使 Sn 由单纯的阳离子转变为氢氧化物、羟基配合离子。由图 3-10 还可看出，在 pH 值高于 12.33 的碱性溶液中，Sn 主要以 $Sn(OH)_6^{2-}$ 形式存在，而 $HSnO_2^-$ 等含 Sn（Ⅱ）阴离子不能稳定存在。

由图 3-11 可以看出，Pb 在 pH 值为 0 ~ 15 范围、水的稳定区域内有 Pb、

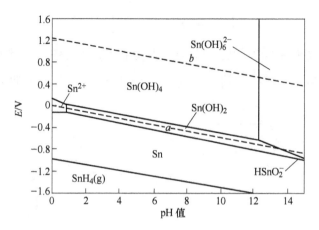

图 3-10 Sn-H$_2$O 系的 E-pH 图

（ p_{SnH_4} = 101325Pa（1atm））

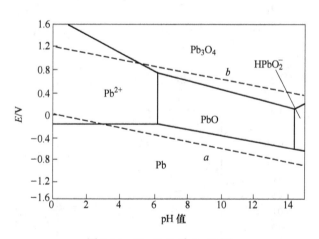

图 3-11 Pb-H$_2$O 系 E-pH 图

Pb^{2+}、PbO、Pb$_3$O$_4$ 和 HPbO$_2^-$ 等 5 种稳定存在形式。随着体系电位的提高，在酸性溶液中 Pb 被氧化生成 Pb^{2+}；当体系 pH 值大于 6.21 时，Pb 被依次氧化成 PbO 和 Pb$_3$O$_4$；而溶液 pH 值大于 14.33 时，Pb 被氧化为 HPbO$_2^-$ 或 Pb$_3$O$_4$。由图 3-11 还可看出，碱性溶液中不存在 Pb（Ⅳ）形态的离子，支撑了 3.2.3.2 节部分对于 Na$_2$PbO$_3$ 在溶液中水解或被还原的推论。

碱性熔炼—浸出后所得溶液呈碱性，为实现两性金属与铜之间的分离，需使两性金属尽可能溶解于碱性溶液中，对比图 3-10 和图 3-11 可发现，Sn 在 pH 值高于 12.33 后即可溶于溶液，而 Pb 的溶解对碱度要求较高，pH 值需高于 14.33，而在 pH 值为 12.33 ~ 14.33 范围内，可能形成 PbSnO$_3$、Pb$_2$SnO$_4$ 等沉淀物[118]，因此，浸出过程中应保证体系 pH 值高于 14.33。

3.3.1.3   Zn、Al 存在形式分析

查阅相关文献资料[119,120]，分别计算并绘制了 298K、离子浓度 0.1mol/L、p_{O_2} 与 p_{H_2} 为 101325Pa（1atm）时 Zn-H_2O 系、Al-H_2O 系 E-pH 图，如图 3-12 和图 3-13 所示。

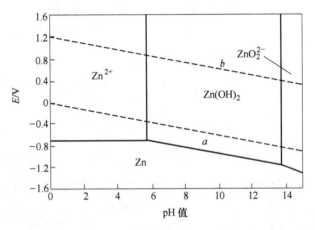

图 3-12   Zn-H_2O 系 E-pH 图

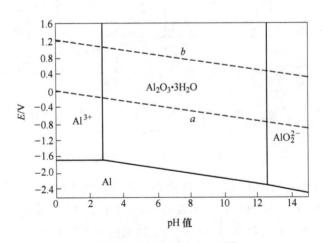

图 3-13   Al-H_2O 系 E-pH 图

由图 3-12 可以看出，在 pH 值为 0～15 范围、水的稳定区域内，Zn^{2+}、$Zn(OH)_2$、ZnO_2^{2-} 等均可以稳定存在。在酸性溶液中，Zn 被氧化为 Zn^{2+}，当体系 pH 值大于 5.77 时，Zn^{2+} 与 OH^- 结合形成 $Zn(OH)_2$，而溶液 pH 值继续增大到高于 13.72 时，$Zn(OH)_2$ 进一步转化为 ZnO_2^{2-}。

从图 3-13 可看出，Al-H_2O 系的 E-pH 图与 Zn-H_2O 系的 E-pH 图近似，物相间的转化过程类似，但转化过程在更低碱度下进行。

3.3.1.4　Cu 存在形式分析

查阅相关文献资料[121]，计算并绘制了 298K、离子浓度 0.1mol/L、p_{O_2} 与 p_{H_2} 为 101325Pa（1atm）时 Cu-H$_2$O 系 E-pH 图，如图 3-14 所示。

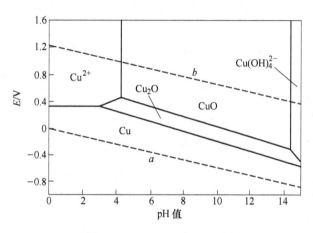

图 3-14　Cu-H$_2$O 系 E-pH 图

从图 3-14 可看出，在水的稳定区域内 Cu、Cu^{2+}、CuO、Cu$_2$O 和 Cu(OH)$_4^{2-}$ 等均可以稳定存在。随着体系电位的提高，在 pH 值小于 4.25 的酸性溶液中 Cu 主要被氧化生成 Cu^{2+}；当体系 pH 值大于 4.25 时，Cu 依次被氧化成 Cu$_2$O 和 CuO；在 pH 值大于 14.3 的强碱性溶液中，还将有 Cu(OH)$_4^{2-}$ 生成。因此，碱性熔炼浸出所得溶液中可能会含有部分铜，但可通过降低溶液电位的方法，将强碱溶液中的铜以 Cu$_2$O 形式沉淀分离。

3.3.2　碱性体系下主要金属平衡浓度测定

除离子存在形态外，金属在溶液体系中的饱和浓度是溶解/浸出行为的另一个重要特征。关于 Zn/ZnO 在碱性溶液中的溶解平衡浓度已有较为全面的研究[122~124]，Al/Al$_2$O$_3$ 在长期的研究和工业实践过程中已经建立了极为详尽的 Al$_2$O$_3$-Na$_2$O-H$_2$O 体系相图。Sn、Pb 是本研究所用 CME 粉末中含量较高的两性金属，也是回收过程需重点强化的金属，但有关其在碱性溶液中的溶解平衡情况研究尚不充分。为确定浸出过程中 Sn、Pb 的溶解限度，本节将对其在碱性溶液中的溶解度进行测定。

水盐体系中物质溶解度数据主要由实验测定，但根据物质的溶解平衡常数，国内外学者创建并发展了一些模型用于热力学溶解平衡相图的预测，如 Pitzer 模型、扩展的 Pitzer 模型、Pitzer-Sirnonson-Clegg 模型、BET 模型和 MSA 模型等[125]。这些模型通常是通过体系渗透系数或活度系数回归拟合得到模型参数，再通过模型参数和物质的溶解度平衡常数计算求得盐在溶液体系中的溶解度。对于 Sn、Pb，其对应盐类的溶解度平衡常数及在水溶液中的渗透系数或活度系数报道均不充分，因此难以采用这些热力学模型进行溶解度拟合计算。此外，Sn、Pb 在碱性溶液中溶解浓度较高，直接用这些模型进行计算预测时，某些参数可能受浓度和温度影响使计算结果与实际相差较大。本节通过实验方法来获得相应的溶解度数据。

根据 3.3.1 节分析可知，碱性溶液中 Sn、Pb 存在形式分别为 SnO_3^{2-}、PbO_2^{2-}，而 Na_2PbO_2 并非商业化产品，但可通过将 PbO 溶于碱性溶液的方法实现转化。采用等温溶解平衡法测定 Na_2SnO_3、PbO 在碱液中的溶解度变化情况，实验操作见 2.3.5 节。

3.3.2.1　Na_2SnO_3 在碱液中的溶解度等温线

采用等温溶解法测定 20℃、40℃、60℃条件下 Na_2SnO_3 在 NaOH 溶液中的溶解度变化，如图 3-15 所示，每条曲线的初始点为 Na_2SnO_3 溶于纯水中（不添加 NaOH）的溶解度，由于 Na_2SnO_3 本身溶于水即会发生一定量的水解而使溶液呈强碱性。

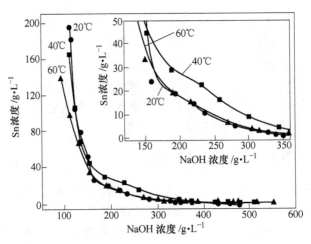

图 3-15　NaOH-Na_2SnO_3-H_2O 体系溶解度等温线

由图 3-15 可知，Na_2SnO_3 在 20℃、40℃、60℃纯水中达到溶解平衡时，溶液中总锡浓度依次为 196.64g/L、165.24g/L、138.72g/L，与文献数据基本一致[126]。相同温度条件下，Na_2SnO_3 溶解度随溶液碱度的增加而急剧下降，这是由于 NaOH 添加量的增多使溶液中 Na^+ 同离子效应增强，造成了 Na_2SnO_3 电离度的降低，总碱度高于 300g/L 后，溶液中总锡浓度低于 5g/L。低碱度（小于 150g/L）时，Na_2SnO_3 溶解度随温度的升高而降低，高碱度（大于 150g/L）时，

Na$_2$SnO$_3$溶解度在40℃处较高，20℃、60℃较低，这可能是在温度、黏度、电离平衡等多重因素共同作用下造成的结果。

3.3.2.2　PbO在NaOH溶液中的溶解度等温线

采用等温溶解法测定20℃、40℃、60℃条件下PbO在NaOH溶液中的溶解度变化，如图3-16所示。由图可知，PbO溶解度随温度的升高而升高，而随溶液碱度的升高呈现先升高后降低再升高的"N"形变化趋势，且高温下该趋势更加明显。

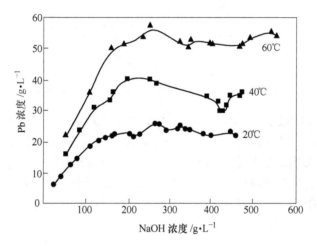

图3-16　NaOH-PbO-H$_2$O体系溶解度等温线

实验中发现，过饱和溶液在静置过程中产生了不同的析出物，低温低碱度下，析出物为黄色片状β-PbO（massicot，斜方晶型），而高温高碱度下析出物为红色粉末状α-PbO（litharge，立方晶型），而溶解度降低过程恰好是析出物颜色逐渐变化的过程，据此可推断，红色α-PbO在碱性溶液中溶解度更小。E. I. Sokolova等人[127]研究表明20℃附近的稳定析出物为PbO·2Na$_2$O·17H$_2$O，60℃的稳定析出物为PbO·Na$_2$O·10H$_2$O，而在更高碱度下，析出物可重新溶解。

3.3.2.3　四元体系中铅、锡平衡浓度等温线

向饱和锡酸钠溶液中缓慢、多次加入足量的PbO固体，可得图3-17所示溶解平衡图，由图可知，在四元体系中，锡、铅溶解趋势与三元体系相同，且高温高碱实验中也可观察到黄色PbO逐渐向红色PbO转化的现象。

对比图3-15与图3-17中Na$_2$SnO$_3$在四元体系与三元体系中的溶解度变化情况可发现：20℃下，两体系差别较小，即低温下，PbO的加入对Na$_2$SnO$_3$在NaOH

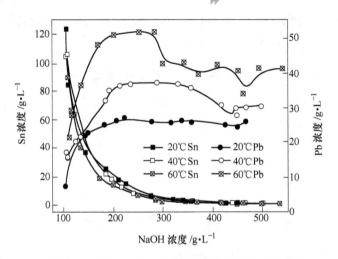

图 3-17   NaOH-Na$_2$SnO$_3$-PbO-H$_2$O 体系溶解度等温线

溶液中的溶解影响较小；40℃和60℃，两体系变化趋势一致，但四元体系溶解度略低于三元体系，PbO 的加入造成了 Na$_2$SnO$_3$ 溶解度的降低，且低碱度下降低明显。40℃和60℃实验过程中发现，NaOH 浓度低于 120g/L 时，有淡黄色沉淀析出，经检测主要为 PbSnO$_3$[128,129]，如图 3-18 所示，而此物质可溶于更高浓度的碱溶液，因而造成了低碱度下锡浓度降低明显，而高碱度下差别不大。

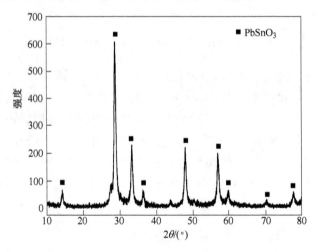

图 3-18   低碱度溶液中淡黄色沉淀物 XRD 图
（NaOH 100g/L，60℃）

对比图 3-16 与图 3-17 中 PbO 在四元体系与三元体系中的溶解度变化情况可发现，Na$_2$SnO$_3$ 对 PbO 在 NaOH 溶液中溶解的影响较复杂。20℃下，NaOH 浓度低于 120g/L 时，四元体系中 PbO 溶解度低于三元体系，而 NaOH 浓度高于 120g/L

后，Na_2SnO_3 的存在促进了 PbO 的溶解。40℃、60℃下，由于四元体系中 $PbSnO_3$ 的形成及较强的 Na^+ 同离子效应的影响，PbO 溶解度较低。

以上研究结果为熔炼产物的浸出条件的选择提供了参考：

（1）浸出过程液固比应维持在适当的范围，液固比过高时，溶液碱度偏低可能产生 $PbSnO_3$ 沉淀，同时废水量增多，而液固比过低时，高碱度溶液会阻碍 Na_2SnO_3 的溶解，造成熔炼过程已转化的产物无法实现有效分离；

（2）基于 Na_2SnO_3 及 PbO 在碱性溶液中溶解度随温度的变化情况，浸出温度也应选择在适当范围内。

3.4 溶液中有价金属分离提取

根据有价金属稳定存在形式分析可知，碱性溶液中金属离子主要以羟基配合离子形式存在，可通过降低溶液 pH 值使之水解或添加沉淀剂使其形成更加稳定的沉淀物等方法进行分离提取。由于研究所得浸出液碱度较高，若通过加酸降低溶液 pH 值使羟基配合离子水解的方法进行有价金属的提取，不仅要消耗大量的酸，而且溶液中的碱被中和，无法实现循环利用，试剂消耗成本极高。此外，若采用膜电解的方法降低碱度，水解生成的沉淀物可能黏附于离子膜表面，造成产物收集困难，且沉淀物会阻隔 Na^+ 的通过，造成槽电压升高，电解效率下降。而选用合适的沉淀剂在碱性条件下沉淀分离金属离子，不需要消耗酸，沉淀后的碱液可循环利用。因此，本节采用添加沉淀剂的方法沉淀分离高碱度溶液中的金属离子。依据碱性溶液中有价金属稳定存在形式，结合各有价金属元素在 CME 粉末中的含量及其回收价值，制定了"葡萄糖脱铜—石灰沉锡—硫化沉铅锌"的实验方案。

3.4.1 葡萄糖脱铜机理分析

由 Cu-H_2O 系的 E-pH 图分析可知，碱性溶液中溶解的铜主要为 $Cu(OH)_4^{2-}$，通过添加还原剂降低溶液电位即可实现铜的脱除。

葡萄糖是一种常用的廉价还原剂，有 16 种异构体，其中右旋糖 D-glucose (dextrose) 是最常见的形式，其结构式如图 3-19 所示。根据姜-泰勒效应推断，$Cu(OH)_4^{2-}$ 为平面正方形结构[130]，空间位阻较小，如图 3-20 所示，其中的 Cu^{2+} 易参与反应。两者相互作用时，葡萄糖中的半缩醛被氧化成羧基，$Cu(II)$ 被还原成 $Cu(I)$，反应式如式（3-31）所示[131]。

$$2Cu(OH)_4^{2-} + R\text{-}CHO \longrightarrow R\text{-}COO^- + Cu_2O\downarrow + 3OH^- + 3H_2O \quad (3\text{-}31)$$

氧化亚铜（Cu_2O）是一种 P 型半导体，超细 Cu_2O 具有独特的光电化学性质和催化活性，可作为磁储存材料、光电材料、电池负极材料和光催化剂等[132,133]。

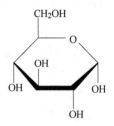

图 3-19   右旋糖的哈沃斯投影式

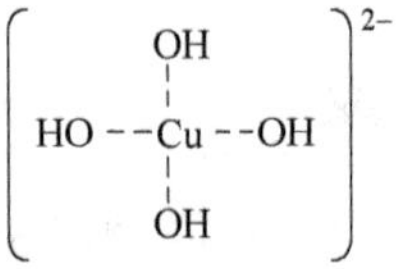

$$\begin{bmatrix} & OH & \\ HO - & Cu & - OH \\ & OH & \end{bmatrix}^{2-}$$

图 3-20 $Cu(OH)_4^{2-}$ 结构示意图

新生成的 Cu_2O 在适宜的条件下可进一步被还原为单质 Cu 粉[134,135]，其被葡萄糖还原的反应式如式（3-32）所示。Cu_2O 中间体的形貌特征将直接影响 Cu 粉形貌特征，超细铜粉已被广泛应用于电学领域，如导电胶、导电涂料和电极材料的制造等。

$$Cu_2O + R-CHO + OH^- \longrightarrow R-COO^- + 2Cu \downarrow + H_2O \qquad (3-32)$$

3.4.2   石灰沉锡机理分析

Z. Q. He 等人[136]将 4mol/L 的 NaOH 溶液与 $CaCl_2$、$SnCl_4$ 混合，常温条件下制备得到了立方钙钛矿型 $CaSn(OH)_6$，可作为碱性可充锌基电池电极添加剂[137]，或经焙烧制得 $CaSnO_3$ 后用于热稳定性电容器、气敏传感器的制造或锂离子电池负极材料[138,139]。$Sn-Cl-H_2O$ 系的 E-pH 图表明，碱性条件下不存在 Sn-Cl 配合物，即 Cl^- 对体系中含 Sn 离子存在形态无影响，Sn 仍以羟基配合物形式存在[140]。因此，Z. Q. He 等人制备 $CaSn(OH)_6$ 所用溶液体系与本研究所得碱性溶液有类似之处，本节借鉴了该工艺思路，向脱铜后的碱性溶液中加入微溶的 $Ca(OH)_2$，沉淀锡的同时可以避免大量 Ca^{2+} 或其他杂质元素进入溶液体系，尽量减少对体系的干扰，简化后续金属提取工艺。

目前，关于 $CaSn(OH)_6$ 基本物理化学性质的研究较少，M. Ochs 等人[141]报道了 25℃ 条件下 $Sn-Ca-H_2O$ 系溶液体系相关性质，认为在 pH 值低于 12.5 的弱碱性溶液中，沉淀物主要为 SnO_2，而当溶液 pH 值高于 12.5 后，沉淀物则为 $CaSn(OH)_6$，其溶解度为 10^{-4}mol/kg 左右，如图 3-21 和图 3-22 所示。由图可推断，采用石灰沉锡法可将溶液中总锡浓度降低至 0.01g/L 左右。

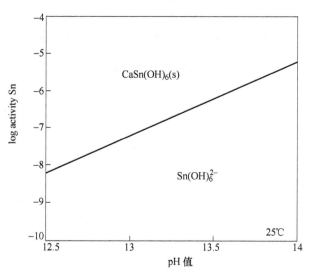

图 3-21 碱性溶液中 CaSn(OH)$_6$ 溶解情况

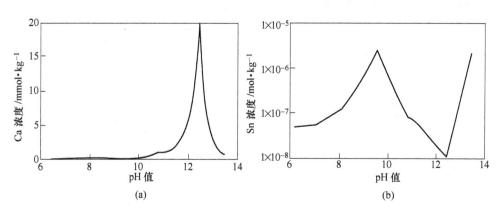

图 3-22 Sn-Ca-H$_2$O 系溶液中金属浓度变化

(a) Ca 浓度变化；(b) Sn 浓度变化

3.4.3 硫化钠沉铅锌机理分析

硫化钠是碱性体系中常用的沉淀剂，对 Pb、Zn 有良好的沉淀效果，本节中选用 Na$_2$S·9H$_2$O 为 Pb-Zn 沉淀剂。

S^{2-} 属于弱电解质，Na$_2$S·9H$_2$O 溶于水溶液中将发生水解反应，其中 K 为水解反应常数[142,143]：

$$S^{2-} + H_2O \Longrightarrow HS^- + OH^- \qquad\qquad K_{a2} = 8.3 \times 10^{-15} \qquad (3-33)$$

$$HS^- + H_2O \Longrightarrow H_2S + OH^- \qquad\qquad K_{a1} = 1.75 \times 10^{-7} \qquad (3-34)$$

其中，总硫浓度 c_{S_T} 为 $c_{S^{2-}}$、c_{HS^-} 和 c_{H_2S} 三者之和，即

$$c_{S_T} = c_{S^{2-}} + c_{HS^-} + c_{H_2S} \tag{3-35}$$

水溶液体系中各种硫形态的分布系数与溶液 pH 值的关系式为：

$$\delta_{c_{S^{2-}}} = \frac{c_{S^{2-}}}{c_{S_T}} = \frac{c_{S^{2-}}}{c_{S^{2-}} + c_{HS^-} + c_{H_2S}} = \frac{1}{1 + K_{a2} \times 10^{14-pH} + K_{a2} \times K_{a1} \times 10^{28-2pH}} \tag{3-36}$$

$$\delta_{c_{HS^-}} = \frac{c_{HS^-}}{c_{S_T}} = \frac{c_{HS^-}}{c_{S^{2-}} + c_{HS^-} + c_{H_2S}} = \frac{1}{\dfrac{1}{K_{a2} \times 10^{14-pH}} + 1 + \dfrac{1}{K_{a1} \times 10^{14-pH}}} \tag{3-37}$$

$$\delta_{c_{H2S}} = \frac{c_{H_2S}}{c_{S_T}} = \frac{c_{H_2S}}{c_{S^{2-}} + c_{HS^-} + c_{H_2S}} = \frac{1}{\dfrac{1}{K_{a2} \times K_{a1} \times 10^{28-2pH}} + \dfrac{1}{K_{a2} \times 10^{14-pH}} + 1} \tag{3-38}$$

$$pH = 14 + lg - c_{OH^-} \tag{3-39}$$

将 K_{a1} 与 K_{a2} 带入各个计算式，即可绘制 298K 条件下水溶液中硫的存在形态及分布系数与 pH 值间的关系，如图 3-23 所示。

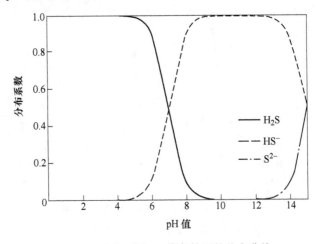

图 3-23　硫在不同 pH 值条件下的分布曲线

由图 3-23 可以看出，在酸性体系中，硫主要是以 H_2S 的形态存在；随着体系 pH 值的增加，HS^- 的分布系数逐渐升高，H_2S 的分布系数逐渐降低；当体系 pH 值大于 13 以后，体系中 HS^- 的分布系数逐渐降低，S^{2-} 的分布系数逐渐升高，在强碱性溶液中，硫主要以 S^{2-} 的形态存在。

PbS 和 ZnS 均为难溶物，溶度积常数分别为 2×10^{-28} 和 2×10^{-23}。根据 3.3.1 节分析可知，Pb、Zn 在强碱性溶液中均以羟基配合离子稳定存在，而非简单阳离子 Pb^{2+}、Zn^{2+}，因此，此沉淀过程并非简单的 Me^{2+} 与 S^{2-} 反应生成硫化物沉淀的过程。通过查询相关文献资料，分别计算并绘制了 25℃ 下 Pb-S-H_2O

系、Zn-S-H$_2$O 系 E-pH 图，如图 3-24 和图 3-25 所示。

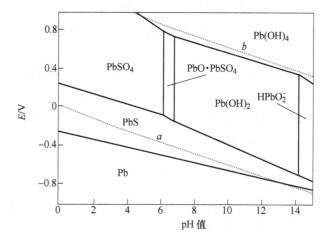

图 3-24　Pb-S-H$_2$O 系 E-pH 图

(25℃，总铅活度为 10^{-2})

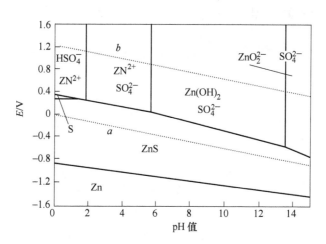

图 3-25　Zn-S-H$_2$O 系 E-pH 图

(25℃，总锌活度为 0.1)

　　由图 3-24 可以看出，在 Pb-S-H$_2$O 系中 PbSO$_4$、PbS、PbO·PbSO$_4$、Pb(OH)$_2$、HPbO$_2^-$ 和 Pb(OH)$_4$ 等组分均可稳定存在于水的稳定区域内。当体系的电位较低时，PbS 在酸性条件下和碱性条件下均可稳定存在，而随着体系电位的提高，在酸性条件下，PbS 被氧化生成 PbSO$_4$ 和 PbO·PbSO$_4$，在碱性条件下，PbS 被氧化生成 Pb(OH)$_2$ 和 HPbO$_2^-$；当体系电位足够高时，PbSO$_4$、PbO·PbSO$_4$、Pb(OH)$_2$、HPbO$_2^-$ 等均有可能被氧化为 Pb(OH)$_4$。

　　由图 3-25 可以看出，在 Zn-S-H$_2$O 系中 ZnS、Zn^{2+}、S、SO$_4^{2-}$、HSO$_4^-$、Zn(OH)$_2$

和 ZnO_2^{2-} 等组分均可在水的稳定区域内稳定存在。当体系的电位较低时,ZnS 在酸性条件下和碱性条件下都可以稳定存在。随着体系电位的提高,在酸性条件下,ZnS 被氧化生成 Zn^{2+}、S、HSO_4^- 和 SO_4^{2-};在碱性条件下,ZnS 被氧化生成 SO_4^{2-}、$Zn(OH)_2$ 和 ZnO_2^{2-}。

刘清等人[144]认为,强碱体系中 Na_2S 对 Pb、Zn 的沉淀作用可解释为 S^{2-} 对羟基配合离子中 OH^- 的部分取代,从而生成难溶的 $Na_mPb(OH)_nS_{(m+2-n)/2}$、$Na_xZn(OH)_yS_{(x+2-y)/2}$ 沉淀,$Na_mPb(OH)_nS_{(m+2-n)/2}$ 和 $Na_xZn(OH)_yS_{(x+2-y)/2}$ 水解转化成 PbS 和 ZnS。以强碱溶液中羟基配合离子的优势物种 $Pb(OH)_3^-$、$Zn(OH)_4^{2-}$[145~147]为例,沉淀过程的反应方程式为:

$$NaPb(OH)_3(aq) + gNa_2S(s) \longrightarrow$$

$$hPbS(s) + iNaPb(OH)_lS_{(3-l)/2}(s) + jPb(OH)_2(s) + kNaOH(aq) \quad (3-40)$$

$$Na_2Zn(OH)_4(aq) + aNa_2S(s) \longrightarrow$$

$$bZnS(s) + cNa_2Zn(OH)_fS_{(4-f)/2}(s) + dZn(OH)_2(s) + eNaOH(aq) \quad (3-41)$$

此外,还原性的 S^{2-} 离子的加入会造成溶液体系电位的降低,可能也是促进硫化物沉淀生成的关键原因之一。

4 CME 粉末碱性熔炼过程研究

4.1 引言

在对 CME 粉末中有价金属元素赋存状态和熔炼过程各组元作用机制的研究基础上，本章选取碱性氧化熔炼过程常用的 NaOH- NaNO$_3$、Na$_2$CO$_3$- NaOH- NaNO$_3$、NaOH-空气-NaNO$_3$3 种体系，通过系统实验考察各体系在处理 CME 粉末过程中碱性介质配比、熔炼温度、熔炼时间等因素对两性金属转化率的影响，对熔炼过程进行优化实验研究，确定适宜的熔炼条件，对比不同体系的特点及技术推广潜力，选取较适宜的熔炼体系。

根据 3.3 节所测 Na$_2$SnO$_3$、PbO 溶解度数据可知，浸出过程中液固比过低会造成溶液碱浓度过高，已转化的 Na$_2$SnO$_3$ 因无法溶解而造成 Sn 直收率下降，而液固比过高，溶液碱度低于一定值后，可能生成 PbSnO$_3$ 沉淀或两性金属羟基配合离子水解沉淀，无法实现良好的分离效果，且会产生大量的废水。本章所有熔炼产物经冷却破碎后，加入适量纯水，维持液固比 10 左右，40℃恒温条件下 300r/min 搅拌浸出 90min，过滤后量取浸出液及洗涤液混合体积，并采用 ICP-OES 检测其中金属浓度，通过式（2-3）计算金属转化率。

4.2 NaOH- NaNO$_3$体系处理 CME 粉末的研究

NaOH- NaNO$_3$体系是碱性氧化熔炼方法中的基础体系，Z. Wang 等人[148]采用该体系进行钒渣中 V、Cr 的分离提取，张荣良等人[149]应用该体系进行脆硫铅锑矿冶炼渣中锡的回收，李栋等人[150]利用该体系进行了阳极泥中 Pb、Sn、As、Se 的提取研究。此外，铅冶炼过程中对粗铅进行碱性精炼脱除 As、Sn、Bi 等杂质，又称为 Harris 法，所使用试剂即为 NaOH、NaNO$_3$[151]。系列研究表明，该体系具有熔点低、反应活性强、熔体流动性好等优点。

4.2.1 NaNO$_3$加入量对金属转化效果的影响

NaNO$_3$在本熔炼体系中主要起氧化剂的作用，同时，根据 3.2.1 节部分分析可知，NaNO$_3$高温条件下分解可产生 Na$_2$O，增强了熔炼体系的碱性。研究中首先对 NaNO$_3$加入量对金属转化效果的影响进行考察。在 CME 粉末加入量为 20g、NaOH 加入量为 100g（NaOH 与 CME 质量比为 5:1）、熔炼温度 400℃、熔炼时间

120min 条件下，考察 NaNO₃ 与 CME 质量比分别为 1.5、2.0、2.5、3.0、3.5、4.0 时对金属转化效果的影响，实验结果如图4-1所示。

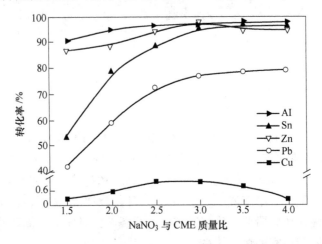

图4-1　NaNO₃加入量对金属转化效果的影响

从图4-1中可看出，随着 NaNO₃ 加入量的增多，两性金属 Sn、Pb、Zn、Al 转化率都呈上升趋势，其中 Sn、Pb 转化率提高幅度较大，而当 NaNO₃ 与多金属富集粉末质量比大于3.0后，NaNO₃加入量的继续增加对两性金属转化率的提升效果不明显。熔炼过程中，金属与碱及氧化剂之间的反应，可认为是金属先被氧化成相应的氧化物，氧化物再与碱反应生成钠盐的过程，氧化剂 NaNO₃ 用量增加，相同温度条件下分解产生的 O、O_2^{2-}、O_2^-、O^{2-} 等活性氧增多，体系氧势增强，加速了氧化反应的进行，同时可使氧化程度更高，促使整个转化过程更彻底地正向进行。

除两性金属外，不足1%的 Cu 进入溶液相，溶出率较低，但其随熔炼过程中 NaNO₃加入量的增加呈现先升高后降低的规律，且 Cu 占 CME 总质量的60.67%，此部分 Cu 不容忽视。Cu 的稳定氧化物主要有 Cu₂O 和 CuO 两种，XRD 检测显示本实验中各浸出渣均为 CuO，无明显差异，且 M. Navarro 等人[152]研究结果显示 CuO 在碱液中的溶解度范围为 0.1~2mmol/L，远低于实验所得浸出液中 Cu 浓度。因此，Cu 的溶出行为更可能与 Cu₂O 在碱液中的溶解有关。为此，进行了如下验证性实验探索，分别取 0.1mol 分析纯的 Cu、Cu₂O、CuO 于 200mL 3mol/L 的 NaOH 溶液中，40℃条件下 300r/min 搅拌浸出 24h 后过滤，ICP 检测显示溶液中 Cu 浓度分别为 33.60mg/L、873.49mg/L 和 174.90mg/L，因此，可认为三物质在碱液中溶解顺序为 Cu₂O≫CuO＞Cu。Cu 属于易氧化金属，空气中灼烧即可被氧化成 CuO，但 CME 中 Cu 主要为致密的金属（或合金）颗粒，因而其氧化速度受限制，NaNO₃加入量较少时，颗粒内部可能未被充分氧化，以

Cu$_2$O 形态进入浸出工序而被溶出，随着 NaNO$_3$加入量的增多，Cu 被更快、更彻底地氧化成 CuO，Cu$_2$O 产生量减少，因此溶于碱的 Cu 减少。

为实现两性金属与 Cu 的良好分离，同时尽量减少物料消耗，选取 3.0 为适宜的 NaNO$_3$与多金属富集粉末质量比，此时，Sn 的转化率为 95.61%，Pb 的转化率为 77.23%，Zn 的转化率为 98.00%，Al 的转化率为 97.05%，0.90% 的 Cu 进入溶液。

4.2.2 NaOH 加入量对金属转化效果的影响

在 CME 粉末加入量为 20g、NaNO$_3$ 加入量为 60g（NaNO$_3$与 CME 质量比为 3.0:1）、熔炼温度 400℃、熔炼时间 120min 条件下，考察 NaOH 与 CME 质量比分别为 2.0、3.0、4.0、5.0、6.0 时对金属转化效果的影响，实验结果如图 4-2 所示。

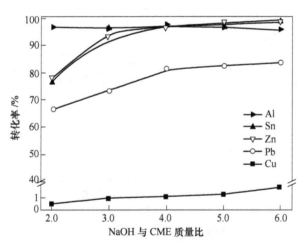

图 4-2　NaOH 加入量对金属转化效果的影响

由图 4-2 可见，Al 的转化率基本维持在 95% 以上，受 NaOH 加入量影响较小，NaOH 加入量较少时，Pb、Sn、Zn 转化率随着 NaOH 加入量的增多均呈上升趋势，而当 NaOH 与多金属粉末质量比大于 4 时，转化率基本保持不变，Sn 97.46%，Pb 82.07%，Zn 96.03%，而 Cu 的溶出率随 NaOH 加入量的增多几乎呈直线上升趋势。

NaOH 在熔炼过程中对 NaNO$_3$的分解起促进作用，对氧化物起吸收、转化作用，其加入量直接影响熔炼介质反应活性，并关系到后续浸出过程中的溶液碱度及金属稳定存在状态。综合考虑金属转化分离效果、试剂消耗等因素，选取 4.0 为适宜的 NaOH 与多金属富集粉末质量比。此时，碱性介质组成为 NaOH 与 NaNO$_3$质量比 4:3，根据相图可知其在 258℃ 开始熔化，270℃ 左右完全熔化。

4.2.3　熔炼温度对金属转化效果的影响

根据以上实验结果，选取了 NaOH 与 NaNO₃ 质量比为 4:3 的碱性介质组成，其熔点为 258℃，但 CME 的加入会改变熔炼体系的物理化学性质，特别是其中玻璃纤维（SiO_2、Al_2O_3、MgO 等）和有机组分与熔融碱的反应，可能造成熔体黏度增大、流动性降低。为保证熔体能具有较好的流动性与传质速率，实验中熔炼温度均选择在 300℃以上。

在 CME 粉末加入量为 20g、NaNO₃ 加入量为 60g（NaNO₃ 与 CME 质量比为 3:1）、NaOH 加入量为 80g（NaOH 与 CME 质量比为 4:1）、熔炼时间 120min 条件下，考察熔炼温度分别为 300℃、400℃、500℃、600℃、700℃时对金属转化效果的影响，实验结果如图 4-3 所示。

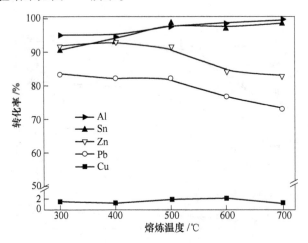

图 4-3　熔炼温度对两性金属转化效果的影响

由图 4-3 可看出，熔炼温度对各金属转化率的影响差异较大，Sn、Al 转化率随温度的升高而升高，而 Pb、Zn 转化效果则随温度的升高而降低，且在 500℃之后，降低趋势加剧，Cu 的溶出率呈现小幅度的先升高后降低趋势，但始终保持在 2.5%以下。一般来讲，反应温度的升高可提升反应物活性，在熔炼体系中，熔炼温度的上升还有助于熔体黏度的下降，减小对离子间迁移、碰撞的阻力，促进反应的正向进行。

Pb、Zn 性质相近，单质及氧化物均属于易挥发物质，相同温度下饱和蒸气压顺序为：Zn≫PbO > Pb > ZnO[153]。结合 3.2.3 节部分研究结论可知，Pb 在碱性熔炼过程中除形成钠盐外，仍有部分以 PbO 形态存在，因此，PbO 与 NaOH 之间的反应可能处于一种动态平衡状态中，而熔炼温度的升高加剧了钠盐的分解，PbO 具有较高的饱和蒸气压，500℃时为 3.2×10^{-3}Pa，之后温度升高 100℃，饱和蒸气压升高近 10 倍[154]，PbO 在高温下的挥发造成了熔炼体系中 Pb 的减少，从而使转化进入溶液中 Pb 减少。Zn 的转化率转变原因与 Pb 类似，但单质 Zn 在 184℃ 即可挥发[155]，即在 CME 粉末与 NaOH、NaNO$_3$混合后入炉升温到 NaNO$_3$开始分解的过程中，便有一部分单质 Zn 已经挥发，这可能是造成 Zn 虽然电负性小于 Sn 但转化率却较低的原因之一。此外，熔炼温度的升高造成熔体中溶解氧的减少，NaNO$_3$分解产生的活性氧以 O$_2$的形式逸出，而无法对金属起到良好的氧化作用，同时，O$_2$的逸出过程可能对 PbO、ZnO 的挥发也起到了促进作用。因此，熔炼温度应控制在适当范围。

采用熔体性质综合测试对不同温度下熔融碱性介质及熔炼体系的黏度、表面张力等性质进行测定，结果如图 4-4 所示。由图可知，CME 粉末的加入，尤其是其中的树脂及玻璃纤维等非金属物质，极大地改变了熔体性质，导致了熔体黏度和表面张力的增加，体系流动性变差，影响了熔盐内部传质过程。

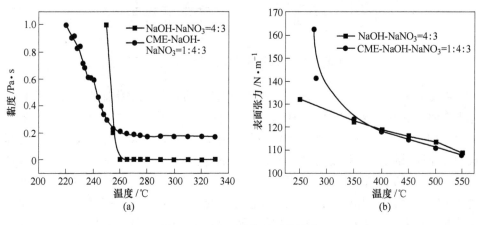

图 4-4   温度对熔体性质的影响
（a）黏度，扭转法；（b）表面张力，提拉法

此外，在对熔炼产物的浸出实验中发现，较高熔炼温度下所得熔炼产物的浸出后液过滤性相对较好，可能与有机物的燃烧程度有关，高温下有机物燃烧充分而更少地进入熔盐中，对浸出液黏度影响较小。

综合考虑各金属转化效果及其在 CME 粉末中的含量、回收价值，选取 500℃ 为较适宜的熔炼温度，此时两性金属转化率依次为 Sn 98.75%、Pb 82.66%、Zn 91.80%、Al 97.47%，同时 2.05% 的 Cu 进入溶液相。

4.2.4   熔炼时间对金属转化效果的影响

在 CME 粉末加入量为 20g、NaNO$_3$加入量为 60g（NaNO$_3$与 CME 质量比为 3.0:1）、NaOH 加入量为 80g（NaOH 与 CME 质量比为 4.0:1）、熔炼温度 500℃

条件下，考察熔炼时间分别为 0min、30min、60min、90min、120min、150min 时对金属转化效果的影响，实验结果如图 4-5 所示。其中，熔炼时间为 0min 实验是将 CME 与 NaNO$_3$、NaOH 按比例混合后不经熔炼而直接进入浸出过程。

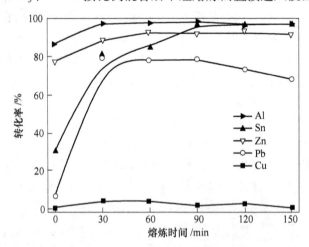

图 4-5　熔炼时间对两性金属转化效果的影响

由图 4-5 可看出，经过熔炼后，CME 中两性金属转化率相比直接浸出所得转化率有明显提升，这是由于 NaNO$_3$ 在溶液中氧化性较低，无法对金属进行有效的氧化作用，而 Al、Zn、Sn 等由于电负性较小，可直接与碱性溶液反应，同时释放 H$_2$，但这部分反应程度有限。各两性金属达到最高转化率所需熔炼时间差别较大，Al 30min，Zn 60min，Sn 90min，而 Pb 的转化率在 90min 后大幅度降低。对于 Al、Sn 而言，熔炼时间延长，反应更加充分，因而转化率升高；而 Pb 及其氧化物易挥发，随着熔炼时间的延长，更多的 Pb/PbO 挥发脱离反应体系，造成转化率降低；Zn 也属于易挥发金属，但其氧化物 ZnO 在 500℃的饱和蒸气压较低，挥发现象不明显，而单质 Zn 在升温阶段的挥发与熔炼时间无关，因此 Zn 的转化率呈现先升高后稳定的状态。

选取两性金属转化率较高的 90min 为适宜的熔炼时间，此时两性金属转化率依次为 Sn 96.85%、Pb 78.80%、Zn 91.28%、Al 98.39%，同时 2.12% 的 Cu 进入溶液相。

4.2.5　响应曲面法对熔炼过程的优化

从 NaOH-NaNO$_3$ 体系处理 CME 粉末单因素条件实验研究结果可知，NaOH 加入量、熔炼温度、熔炼时间等三因素对两性金属 Sn、Pb、Al、Zn 的转化效果影响显著，且映射关系比较复杂，因此，采用响应曲面法对该过程进行优化实验设计，考察三因素间的交互作用程度，确定熔炼过程的优化工艺参数和区域。

4.2.5.1 响应曲面设计方法简介

响应曲面法（response surface methodology，RSM）是一种实验设计和数据分析处理技术，根据已知实验数据，利用计算机软件处理，寻求考察对象（响应）与影响因素（自变量）之间的近似函数关系，绘制响应曲面，从理论上确定未知条件或极端条件下的响应，以确定最优的反应条件或区域[156]。随着计算机技术的发展，响应曲面法广泛应用于化工、冶金和材料等领域的实验设计和工艺优化过程中[157]。

拟合响应曲面的设计称为响应曲面设计，最常用的设计方法是拟合二阶模型的中心复合设计（central composite design，CCD），可利用较少的实验点获得与全因素实验相近的结论，并可揭示因素间的交互影响及相对显著性顺序[158]。一般而言，CCD 由 2^k 个析因设计点（即立方体点）、$2k$ 个坐标轴点和 1 个中心点组成，图 4-6 显示了 $k=3$ 个因子的 CCD 示意图。

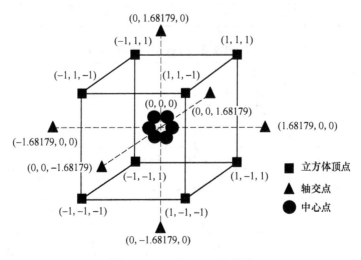

图 4-6　$k=3$ 的 CCD 示意图

实验设计可以通过 CCD 实现，响应数据则通过实验获得，响应 Y 与自变量之间的函数关系以及响应曲面的绘制采用计算机软件处理实现。Design-Expert® 和 Minitab® 是应用最广泛的两种实验设计软件，其中 Design-Expert® 侧重于实验设计，具有构建和评估设计的能力，可以对模型进行深入的分析，Minitab® 有良好的数据分析能力和相当好的处理固定因子及随机因子的能力。本节以 Design-Expert® 8.0.6 Trial 设计、分析功能为主，同时搭配 Minitab® 15 软件重叠预测功能，来实现响应曲面的实验设计、数据处理及图形绘制。

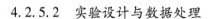

4.2.5.2 实验设计与数据处理

以两性金属 Sn、Pb、Al、Zn 转化率及 Cu 溶出率为响应值（Y_{Sn}、Y_{Pb}、Y_{Al}、Y_{Zn}、Y_{Cu}），采用 CCD 响应设计法对影响 CME 粉末碱性熔炼过程的 3 个因素——NaOH 加入量、熔炼温度和熔炼时间进行实验设计和分析。实验因素水平设计安排见表 4-1，实验设计方案见表 4-2，所有实验中 CME 用量为 20g，$NaNO_3$ 加入量为 60g（$NaNO_3$ 与 CME 质量比为 3:1），实验结果见 4-3。

表 4-1 碱性熔炼过程 CCD 因素水平

因　素	编码	水　平　值				
		最低	低	中心	高	最高
		$-\beta = -1.682$	-1	0	$+1$	$+\beta = +1.682$
NaOH 与 CME 质量比	A	2.32	3.00	4.00	5.00	5.68
熔炼温度/℃	B	332	400	500	600	668
熔炼时间/min	C	40	60	90	120	140

表 4-2 碱性熔炼过程 CCD 实验方案

序　号	因　素　水　平			操　作　条　件		
	A	B	C	A	B/℃	C/min
1	-1	-1	-1	3.00	400	60
2	$+1$	-1	-1	5.00	400	60
3	-1	$+1$	-1	3.00	600	60
4	$+1$	$+1$	-1	5.00	600	60
5	-1	-1	$+1$	3.00	400	120
6	$+1$	-1	$+1$	5.00	400	120
7	-1	$+1$	$+1$	3.00	600	120
8	$+1$	$+1$	$+1$	5.00	600	120
9	-1.682	0	0	2.32	500	90
10	$+1.682$	0	0	5.68	500	90
11	0	-1.682	0	4.00	332	90
12	0	$+1.682$	0	4.00	668	90
13	0	0	-1.682	4.00	500	40
14	0	0	$+1.682$	4.00	500	140
15	0	0	0	4.00	500	90
16	0	0	0	4.00	500	90

序 号	因 素 水 平			操 作 条 件		
	A	B	C	A	B/℃	C/min
17	0	0	0	4.00	500	90
18	0	0	0	4.00	500	90
19	0	0	0	4.00	500	90
20	0	0	0	4.00	500	90

表 4-3　碱性熔炼过程 CCD 实验结果

序 号	两性金属转化率/%				Cu 溶出率/%
	Sn	Pb	Zn	Al	
1	76.19	76.09	88.48	97.23	3.77
2	95.45	82.11	92.87	94.82	2.35
3	79.57	86.41	86.03	98.98	1.88
4	81.72	86.88	95.29	99.45	4.40
5	86.19	73.26	87.67	95.88	1.27
6	95.45	82.26	93.66	95.91	3.37
7	76.03	62.44	65.75	100	0.71
8	75.35	73.21	75.16	100	1.09
9	70.54	66.28	73.26	96.74	2.32
10	97.19	83.67	93.87	95.63	1.16
11	87.97	83.12	91.72	95.51	2.82
12	82.00	83.14	87.67	99.84	1.43
13	73.87	81.98	92.75	97.95	1.95
14	81.92	68.16	91.06	97.27	1.35
15	97.46	77.07	91.03	97.58	2.06
16	98.75	78.66	91.80	97.47	2.04
17	98.92	78.76	92.28	98.39	2.12
18	97.46	77.07	91.03	97.58	2.06
19	98.75	78.66	91.80	97.47	2.04
20	98.92	78.76	92.28	98.39	2.12

由表 4-3 可知，CCD 实验中 Sn、Pb、Zn 转化率随着熔炼条件的变化而变化，且差值幅度显著，而 Al 转化率波动范围较小，Cu 有少量溶出。由此可知，在碱性熔炼处理 CME 实验中，Al、Cu 的转化过程受熔炼过程因素的影响相对较小，故在后续研究中主要考察 NaOH 加入量、熔炼温度、熔炼时间等 3 个因素对 Sn、

Pb 和 Zn 转化率的影响及各因素间的交互作用程度，以确定 NaOH-NaNO$_3$ 体系在处理 CME 过程中的优化参数和区域。

对表 4-3 中所获得的实验数据采用 Design-Expert®8.0.6 Trial 进行统计分析，采用二阶模型进行模拟，所得 Sn、Pb、Zn 转化率（Y）与 NaOH 加入量（A）、熔炼温度（B）、熔炼时间（C）间的拟合关系可表示如式（4-1）~式（4-3）。

$$Y_{Sn} = -227.053 + 64.908A + 0.605B + 2.027C - 4.714A^2 - 0.008C^2 - 0.034AB - 0.053AC - 0.001BC \tag{4-1}$$

$$Y_{Pb} = 39.9575 + 10.2385A - 0.0319B + 0.5649C - 1.0990A^2 + 1.7843 \times 10^{-4}B^2 - 1.1837 \times 10^{-3}C^2 - 4.7250 \times 10^{-3}AB + 0.0553AC - 1.4567 \times 10^{-3}BC \tag{4-2}$$

$$Y_{Zn} = -42.768 + 26.188A + 0.2008B + 0.8011C - 3.420A^2 - 1.252 \times 10^{-4}B^2 - 5.261 \times 10^{-4}C^2 + 0.01036AB + 0.00730AC - 0.00168BC \tag{4-3}$$

式中，A、B、C 均采用实际数值表示。

将 CCD 实验中 NaOH 加入量、熔炼温度、熔炼时间等因素条件的数值分别代入 Sn、Pb、Zn 转化率为响应值的二阶回归方程，即代入式（4-1）~式（4-3）中，即可得到相应浸出实验条件下 Sn、Pb、Zn 的预测转化率，计算结果列在表 4-4 中。

表 4-4 碱性熔炼过程 CCD 实验结果与预测

序号	实验转化率/%			预测转化率/%		
	Sn	Pb	Zn	Sn	Pb	Zn
1	76.19	76.09	88.48	72.22	75.53	84.81
2	95.45	82.11	92.87	93.14	81.29	91.63
3	79.57	86.41	86.03	76.54	84.53	85.91
4	81.72	86.88	95.29	83.94	88.39	96.87
5	86.19	73.26	87.67	82.40	71.65	88.13
6	95.45	82.26	93.66	96.91	84.04	95.82
7	76.03	62.44	65.75	76.76	63.16	69.04
8	75.35	73.21	75.16	77.75	73.66	80.89
9	70.54	66.28	73.29	75.77	68.22	74.24
10	97.19	83.67	93.87	94.19	81.88	89.96
11	87.97	83.12	91.72	92.34	83.79	94.06
12	82.00	83.14	87.67	79.86	82.63	82.42
13	73.87	81.98	92.75	77.33	82.97	95.78

序号	实验转化率/%			预测转化率/%		
	Sn	Pb	Zn	Sn	Pb	Zn
14	81.92	68.16	91.06	80.69	67.32	85.12
15	97.46	77.07	91.03	98.31	78.16	91.79
16	98.75	78.66	91.80	98.31	78.16	91.79
17	98.92	78.76	92.28	98.31	78.16	91.79
18	97.46	77.07	91.03	98.31	78.16	91.79
19	98.75	78.66	91.80	98.31	78.16	91.79
20	98.92	78.76	92.28	98.31	78.16	91.79

将表 4-4 中 Sn、Pb、Zn 等金属转化率的预测值与实验值进行线性拟合，可得图 4-7～图 4-9 所示对比情况。

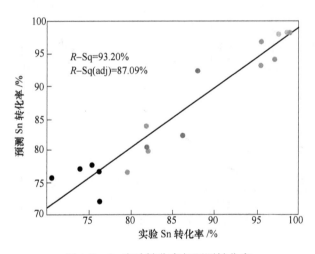

图 4-7   Sn 实验转化率与预测转化率

由图 4-7～图 4-9 可知，各金属转化率的预测值与实验值拟合所得直线斜率为 45°左右，截距基本为零，各数据点在直线两侧随机分布。图中，R-Sq 是回归平方和占总离差平方和的比率，用于衡量回归方程解释观测数据变异的能力，线性拟合中或写做 R^2，其数值越接近于 1 代表模型拟合度越高，如图 4-7 中，预测 Sn 转化率与实验 Sn 转化率间线性拟合 R-Sq 为 93.20%，说明模型式（4-1）适用于设计范围内 93.20% 的 Sn 转化实验点，同样道理，图 4-8 中 R-Sq 为 96.78%，说明模型式（4-2）适用于设计范围内 96.78% 的 Pb 转化实验点，图 4-9 中 R-Sq 为 86.00%，说明模型式（4-3）适用于设计范围内 86.00% 的 Zn 转化实验点。考虑到实验误差等因素，一般 R-Sq 值高于 85% 即可认为该模型对实

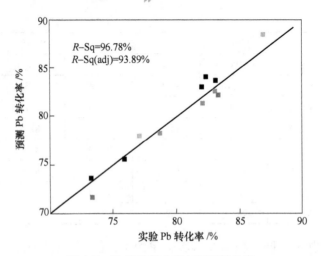

图 4-8 Pb 实验转化率与预测转化率

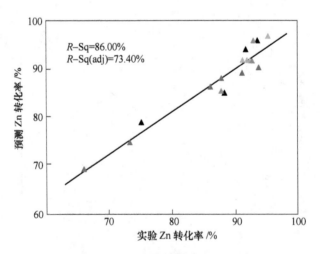

图 4-9 Zn 实验转化率与预测转化率

际情况有较好的拟合效果。$R\text{-}Sq$（adj）是考虑总项数增加对模型的影响，用于对 $R\text{-}Sq$ 的修正，两者数值越接近说明模型预测越准确。

采用 F 检验（方差齐性检验）对式（4-1）~式（4-3）的显著性水平进行检测，响应曲面的方差分析数据见表 4-5。选择置信系数 95% 为标准对本模型进行评判，即方差分析中 P 值小于 0.05，说明该项目对模型具有显著影响，小于 0.01，说明影响特别显著[159]。由表 4-5 可看出，对于 Sn 的转化，三因素的线性关系和平方关系影响特别显著，而交互关系影响显著；对于 Pb 的转化，线性关系、平方关系、交互关系影响均为特别显著；对于 Zn 的转化，线性关系和交互关系影响特别显著，而平方关系影响显著。

表 4-5 熔炼过程中心复合设计方差分析

响应	方差来源	自由度	平方和	均方	F 值	P 值
Y_{Sn}	回归	9	1838.71	204.302	15.24	0.000
	线性关系	3	611.25	203.748	15.20	0.000
	平方关系	3	1065.88	355.293	26.50	0.000
	交互关系	3	161.59	53.863	4.02	0.041
	残余偏差	10	134.08	13.408		
	缺失度	5	131.53	26.306	51.59	0.000
	净偏差	5	2.55	0.510		
	总和	19	1972.79			
Y_{Pb}	回归	9	787.91	87.545	33.44	0.000
	线性关系	3	522.93	17.909	6.84	0.009
	平方关系	3	88.33	29.442	11.24	0.002
	交互关系	3	176.65	58.884	22.49	0.000
	残余偏差	10	26.18	2.618		
	缺失度	5	22.61	4.521	6.32	0.032
	净偏差	5	3.58	0.715		
	总和	19	814.09			
Y_{Zn}	回归	9	991.37	110.152	6.82	0.003
	线性关系	3	597.81	199.271	12.35	0.001
	平方关系	3	180.77	60.256	3.73	0.049
	交互关系	3	212.78	70.928	4.39	0.032
	残余偏差	10	161.41	16.141		
	缺失度	5	159.82	31.965	100.48	0.000
	净偏差	5	1.59	0.318		
	总和	19	1152.78			

为更加直观地表示各因素之间的交互影响，根据式（4-1）~式（4-3）所表示的二阶模型，应用 Design-Expert®8.0.6 Trial 软件分别绘制 Sn、Pb、Zn 转化率与 NaOH 加入量、熔炼温度、熔炼时间的三维响应曲面图及对应的等值线图。结果如图 4-10 ~ 图 4-12 所示。各图中均选用中等水平的第三变量。等值线越密集，曲率越大，说明两因素间交互关系越明显。

由图 4-10 可知，三维响应曲面图均呈现饱满的弧面，说明在 Sn 的转化过程中，NaOH 加入量、熔炼温度、熔炼时间三因素之间均有非常明显的交互作用，且可判断在实验范围之内，高水平的 NaOH 加入量、中等水平的熔炼温度和熔炼

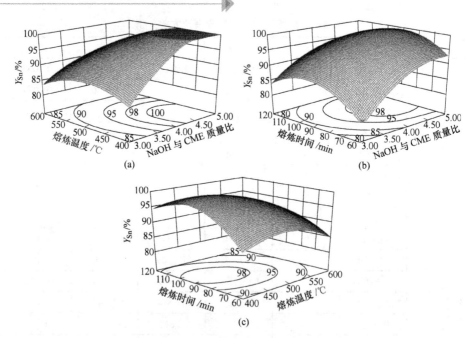

图 4-10　Sn 转化效果响应曲面图

（a）NaOH 与 CME 质量比和熔炼温度对 Sn 转化率的交互影响；（b）NaOH 与 CME 质量比和熔炼时间
对 Sn 转化率的交互影响；（c）熔炼温度与熔炼时间对 Sn 转化率的交互影响

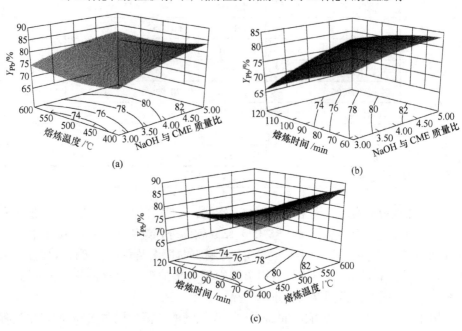

图 4-11　Pb 转化效果响应曲面图

（a）NaOH 与 CME 质量比和熔炼温度对 Pb 转化率的交互影响；（b）NaOH 与 CME 质量比和
熔炼时间对 Pb 转化率的交互影响；（c）熔炼温度与熔炼时间对 Pb 转化率的交互影响

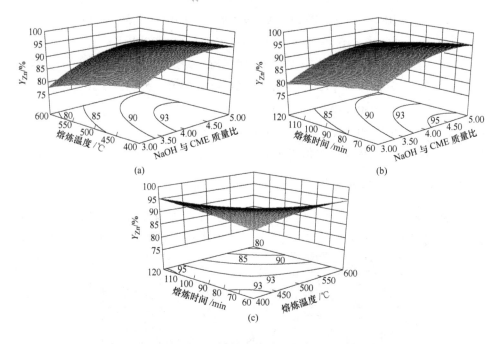

图 4-12 Zn 转化效果响应曲面图

（a）NaOH 与 CME 质量比和熔炼温度对 Zn 转化率的交互影响；（b）NaOH 与 CME 质量比和
熔炼时间对 Zn 转化率的交互影响；（c）熔炼温度与熔炼时间对 Zn 转化率的交互影响

时间有利于 Sn 的转化。

由图 4-11 可知，较高的 NaOH 加入量有利于 Pb 的转化，但三因素间交互关系较弱，图 4-11（b）中等值线几乎为相互平行的直线，说明 NaOH 加入量与熔炼时间之间的交互关系极弱，图 4-11（c）则显示了熔炼温度与熔炼时间之间较为复杂的交互关系，高水平或中等水平的熔炼温度配合低水平的熔炼时间有利于 Pb 的转化，与单因素实验结论基本一致。

由图 4-12 可知，对于 Zn 的转化，三因素间的交互作用明显，增大 NaOH 加入量有助于 Zn 转化率的提高，而高水平的熔炼温度需配合低水平的熔炼时间，或采用低水平的熔炼温度配合高水平的熔炼时间可达到较高的 Zn 转化率。

根据锡、铅、锌三元素模型的建立，得到了单一元素转化的优化区域，而为了实现 CME 中各金属的综合回收，需得到各金属均可达到较高转化率的区域。利用 Minitab® 15 软件的重叠等值线功能，重叠其中 Sn 转化率高于 90%、Pb 转化率高于 80%、Zn 转化率高于 90% 的区域，如图 4-13 所示，图中白色区域即为目标区域。

采用相同方法对熔炼过程中 Al 转化情况和 Cu 溶出情况进行拟合，所得二阶反应模型如式（4-4）和式（4-5）所示。在设计范围内，Y_{Al} 值始终高于 95%，而 Y_{Cu} 在 0～3% 范围内波动，与单因素实验吻合。

$$Y_{Al} = 107.283 + 0.1082A - 0.02940B - 0.1470C - 0.3623A^2 +$$
$$1.636 \times 10^{-5}B^2 + 1.547 \times 10^{-4}C^2 + 3.55 \times 10^{-3}AB +$$
$$8.185 \times 10^{-3}AC + 1.865 \times 10^{-4}BC \tag{4-4}$$

$$Y_{Cu} = 9.7679 - 1.7392A - 0.01656B + 0.0030C - 5.8139 \times 10^{-3}A^2 +$$
$$1.3030 \times 10^{-5}B^2 - 4.1815 \times 10^{-5}C^2 + 2.7750 \times 10^{-3}AB +$$
$$5.7500 \times 10^{-3}AC - 1.2500 \times 10^{-4}BC \tag{4-5}$$

式中，A、B、C 均采用实际数值表示。

4.2.5.3 优化区域验证

根据图 4-13 所示等值线叠加图，在优化目标区域内选取任意实验点开展验证实验，用于考察二阶拟合模型（式（4-1）~式（4-5））对金属转化效果拟合

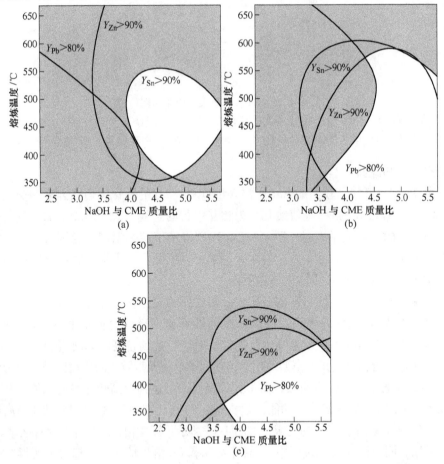

图 4-13 Sn、Pb、Zn 预测转化效果重叠图

（a）熔炼时间为 60min；（b）熔炼时间为 90min；（c）熔炼时间为 120min

的合适性和准确性，结果见表 4-6。从表 4-6 中可知，浸出率与理论预测值吻合较好，各实验点获得的 Sn、Pb、Zn 转化率均满足 $Y_{Sn} > 90\%$、$Y_{Pb} > 80\%$、$Y_{Zn} > 90\%$ 的目标要求，说明采用响应曲面法对碱性熔炼分离两性金属过程进行优化是比较成功的。

表 4-6 优化区域内验证实验

熔炼条件	Sn 转化率/%		Pb 转化率/%		Zn 转化率/%		Al 转化率/%		Cu 溶出率/%	
	预测	实验	预测	实验	预测	实验	预测	实验	预测	实验
$A = 4.5$ $B = 500℃$ $C = 60min$	92.85	94.72	82.67	85.21	95.85	94.89	97.48	98.02	2.50	2.33
$A = 4$ $B = 350℃$ $C = 90min$	94.16	96.88	82.69	86.24	94.16	91.32	95.60	94.53	2.90	2.47
$A = 4$ $B = 350℃$ $C = 120min$	92.07	96.38	83.53	86.25	98.09	96.36	95.33	98.14	2.92	2.80

4.3 Na₂CO₃-NaOH-NaNO₃体系处理 CME 粉末的研究

除 NaOH 外，Na₂CO₃ 也是常用的碱性熔盐之一，曾广泛应用于铝土矿[160]、白钨矿[161]的提取过程中，且其价格低廉、物理化学性质相对稳定、对设备的腐蚀性较小。因此，在已完成的 NaOH-NaNO₃体系研究基础上，进行新的熔炼体系研究。

在铝土矿和白钨矿的苏打焙烧提取工艺中，目标金属以氧化物或含氧酸盐形式存在于矿料中，在高温条件下，与熔融 Na₂CO₃ 反应形成可溶性钠盐。而研究中，金属在 CME 中以单质或合金状态存在，无法直接与 Na₂CO₃ 反应，因而熔炼体系中氧化剂 NaNO₃ 的存在必不可少。此外，不同于 NaOH 的是，Na₂CO₃ 本身为盐类，在水溶液中因水解而显弱碱性，但在熔炼体系中，仅以游离的 Na^+、CO_3^{2-} 形态存在，不具备碱性，与两性氧化物反应的能力较弱，为保证两性金属尽可能转化，体系中仍保留部分 NaOH。

Na₂CO₃-NaOH-NaNO₃三元熔盐高温相图尚未见诸报道，但根据 Factsage® 软件中对 NaOH-Na₂CO₃、Na₂CO₃-NaNO₃ 二元熔盐高温相图的绘制可知，Na₂CO₃ 的加入极大地提高了熔盐的完全熔化温度，因此，本体系熔炼温度相对 NaOH-NaNO₃体系较高。熔炼过程中，两性金属与熔炼介质间的可能反应如式（4-6）～式（4-13）所示。

$$5Sn + 6NaOH + 4NaNO_3 \longrightarrow 5Na_2SnO_3 + 3H_2O \uparrow + 2N_2 \uparrow \tag{4-6}$$

$$5Sn + 3Na_2CO_3 + 4NaNO_3 \longrightarrow 5Na_2SnO_3 + 3CO_2 \uparrow + 2N_2 \uparrow \tag{4-7}$$

$$5Pb + 8NaOH + 2NaNO_3 \longrightarrow 5Na_2PbO_2 + 4H_2O \uparrow + N_2 \uparrow \tag{4-8}$$

$$5Pb + 4Na_2CO_3 + 2NaNO_3 \longrightarrow 5Na_2PbO_2 + 4CO_2 \uparrow + N_2 \uparrow \tag{4-9}$$

$$10Al + 4NaOH + 6NaNO_3 \longrightarrow 10NaAlO_2 + 2H_2O \uparrow + 3N_2 \uparrow \tag{4-10}$$

$$10Al + 2Na_2CO_3 + 6NaNO_3 \longrightarrow 10NaAlO_2 + 2CO_2 \uparrow + 3N_2 \uparrow \tag{4-11}$$

$$5Zn + 8NaOH + 2NaNO_3 \longrightarrow 5Na_2ZnO_2 + 4H_2O \uparrow + N_2 \uparrow \tag{4-12}$$

$$5Zn + 4Na_2CO_3 + 2NaNO_3 \longrightarrow 5Na_2ZnO_2 + 4CO_2 \uparrow + N_2 \uparrow \tag{4-13}$$

通过查阅各相关物质在 700~1000K 的生成自由能数据，计算各反应单位量的标准自由能变化，见表 4-7。由表可知，各金属与 NaOH 反应的热力学趋势比与 Na_2CO_3 反应的趋势更大，可认为 NaOH 是本体系熔炼过程中主要的氧化物吸收剂和转化剂。

表 4-7　Na_2CO_3-NaOH-$NaNO_3$ 三元熔炼体系中可能反应的 $\Delta_r G_m^{\ominus}$

温度/K	反应标准自由能变化 $\Delta_r G_m^{\ominus}$/kJ·mol^{-1}							
	式 (4-6)	式 (4-7)	式 (4-8)	式 (4-9)	式 (4-10)	式 (4-11)	式 (4-12)	式 (4-13)
700	-64.67	-3.35	-48.77	-49.28	-748.37	-730.82	-176.88	-95.11
800	-9.29	49.12	-51.59	-56.69	-745.45	-727.67	-180.04	-102.16
900	44.48	99.41	-55.86	-66.36	-741.80	-728.97	-178.14	-104.90
1000	102.65	152.03	-57.23	-75.93	-736.72	-726.52	-183.96	-118.12

实验过程中，$NaNO_3$ 用量则沿用 NaOH-$NaNO_3$ 体系研究结论，即保持 $NaNO_3$ 与 CME 质量比为 3:1。

4.3.1　Na_2CO_3 加入量对金属转化效果的影响

在 NaOH-$NaNO_3$ 体系选用的 NaOH 与 CME 质量比为 4:1 的研究基础上，维持熔炼体系中总 Na$^+$ 恒定，以 Na_2CO_3 与 NaOH 摩尔比为 1:2、质量比为 21.2:16 为跨度采用 Na_2CO_3 对 NaOH 进行逐步替代。通过多次探索性实验，确定选取的各种配比的 Na_2CO_3-NaOH-$NaNO_3$ 混合体系在高于 650℃ 的温度条件下均可完全熔化，为保证熔体具有良好的流动性，选择熔炼温度为 700℃。其他实验条件为 CME 粉末加入量 20g、$NaNO_3$ 加入量 60g（$NaNO_3$ 与 CME 质量比为 3.0:1）、熔炼时间 60min。实验结果如图 4-14 所示。

由图 4-14 可见，Na_2CO_3 对 NaOH 的替代对熔炼过程中金属的转化效果产生了巨大的影响。替代率为 20%，即 Na_2CO_3 与 NaOH 质量比为 21.2:64 时，各金属转化率基本与 NaOH-$NaNO_3$ 保持一致，而随着 Na_2CO_3 替代率的进一步升高，Sn、Pb、Zn 的转化率急剧降低，Cu 的溶出率也直线下降，Al 的转化率在替代率达到

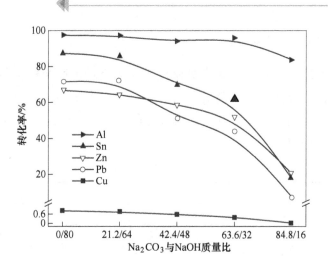

图 4-14　Na_2CO_3-NaOH 质量比对金属转化率的影响

60% 后开始降低。

　　Na_2CO_3 的加入会导致熔炼体系及后续浸出溶液碱度的降低，不利于两性金属的转化与分离，但熔盐体积的增加有助于活性氧的溶解，并降低了反应产物在整个熔炼体系中的浓度，有利于转化过程的进行。Na_2CO_3 加入量较少时，对熔炼体系及浸出过程的碱性环境影响不大，且熔盐体积的增加有助于活性氧及反应产物的溶解，两种相互制约的因素共同作用下，两性金属转化率基本保持恒定。而随着 Na_2CO_3 对 NaOH 的替代率的升高，熔炼体系的碱性逐渐降低，反应介质对氧化物的吸收和转化作用减弱，此外，熔炼产物中所含 NaOH 量的减少造成了浸出体系碱度的降低，直接影响了两性金属在溶液中的离子存在形式。因此，即使两性金属在熔炼过程中已转化成为可溶性钠盐，也可能因为浸出体系碱度不足而水解，无法实现金属间良好的分离效果，如 Pb、Zn 在 pH 值低于 14 的碱性溶液中，Sn 在 pH 值低于 12 的弱碱性溶液中，均会以氢氧化物或氧化物形式沉淀析出。金属 Al 可溶于碱性溶液甚至热水中，其转化过程受熔炼过程影响较小，但在低碱度溶液中，也会以氢氧化物形式析出。Cu 的溶出主要发生在浸出过程中，并与浸出液碱性成正相关关系，溶液碱度的降低减少了 Cu 的溶出，避免了其在液固两相中的分散，有利于其后续的回收提取。

　　综合考虑各金属转化率及两性金属与铜的分离效果，选取 Na_2CO_3-NaOH 质量比 21.2:64 为适宜的 Na_2CO_3 加入量，其中，NaOH 为主要的氧化物吸收剂和转化剂，Na_2CO_3 可参与反应，并为活性氧及两性金属转化所得钠盐提供溶解介质。

　　采用熔体综合测试仪对质量比为 21.2:64:60 的 Na_2CO_3-NaOH-$NaNO_3$ 混合熔盐进行检测，结果表明其熔点为 292℃ 左右。

4.3.2 熔炼过程正交实验探索

根据相关实验基础，采用正交实验对 Na_2CO_3-NaOH-$NaNO_3$ 体系熔炼过程中 3 个因素熔炼温度、碱性介质用量（碱料比）、熔炼时间对金属转化效果的影响进行考察，其中熔炼温度取 3 个水平，而碱性介质用量、熔炼时间分别取 4 个水平做实验，因素与水平表见表 4-8。

表 4-8 因素与水平

水平	因　素		
	A	B	C
	熔炼温度/℃	碱性介质与 CME 质量比	熔炼时间/min
1	500	2	20
2	600	4	40
3	700	6	60
4		8	80

根据 $L_{12}(3 \times 2^4)$ 混合正交实验表[162]，不考虑各因素之间的相互作用，基于正交实验"均匀分散，齐整可比"的特点，设计了 $L_{12}(3 \times 4^2)$ 混合正交实验表，见表 4-9。

表 4-9 正交设计表 $[L_{12}(3 \times 4^2)]$

序号	A	B	C
	熔炼温度/℃	碱性介质与 CME 质量比	熔炼时间/min
1	1（500）	1（2）	1（20）
2	1（500）	1（2）	2（40）
3	1（500）	2（4）	1（20）
4	1（500）	2（4）	2（40）
5	2（600）	3（6）	1（20）
6	2（600）	3（6）	2（40）
7	2（600）	4（8）	3（60）
8	2（600）	4（8）	4（80）
9	3（700）	1（2）	3（60）
10	3（700）	2（4）	4（80）
11	3（700）	3（6）	3（60）
12	3（700）	4（8）	4（80）

按照表 4-9 所设计条件进行实验，其他实验条件为 CME 粉末加入量 20g、

NaNO$_3$加入量 60g、碱性介质为 Na$_2$CO$_3$ 与 NaOH 的混合物，且两者质量比为 21.2:64，实验结果见表 4-10。

表 4-10 正交实验结果

序号	两性金属转化率/%				Cu 溶出率/%
	Sn	Pb	Al	Zn	
1	58.97	40.64	87.75	58.96	0.21
2	56.93	42.82	89.71	50.84	0.26
3	73.79	60.68	90.05	73.09	0.62
4	70.98	54.65	92.76	74.53	0.54
5	84.76	70.84	93.73	86.93	0.97
6	87.77	73.73	96.87	84.04	0.79
7	86.94	70.02	98.55	79.63	0.89
8	88.73	56.23	97.83	84.82	0.65
9	63.86	33.27	89.08	59.26	0.34
10	83.74	60.33	95.74	71.75	0.72
11	88.74	60.87	96.77	76.58	0.56
12	93.76	54.68	97.08	80.83	1.05

采用极差分析法对正交实验结果进行分析，表 4-11 显示了对本熔炼体系中 Sn 转化率进行极差分析的详细过程，表中 $T1$、$T2$、$T3$、$T4$ 所示数据分别为各因素在同一水平下的转化率之和，如熔炼温度 A 所对应 $T1$ 为 $A=1$ 时所有实验（1、2、3、4）中 Sn 转化率之和，$\overline{T1}$、$\overline{T2}$、$\overline{T3}$、$\overline{T4}$ 表示各因素在每一个水平下的平均转化率，其中最大值所对应水平为最优水平，R 是 $\overline{T1}$、$\overline{T2}$、$\overline{T3}$、$\overline{T4}$ 各列数据的极差，可反映各因素影响的显著程度。在混合正交实验中，水平数较多的因素极差相对较大，因此需要对 R 进行修正[163]，如式（4-14）所示。

$$R' = dR\sqrt{r} \tag{4-14}$$

式中，R' 为修正后的极差；R 为因素极差；r 为该因素每个水平实验的重复次数；d 为折算系数，与因素水平数有关，因素水平数为 3 时，$d=0.52$，因素水平数为 4 时，$d=0.45$。

表 4-11 Sn 正交实验转化率极差分析结果

序号	A	B	C	Sn 转化率/%
	熔炼温度/℃	碱性介质与 CME 质量比	熔炼时间/min	
1	1（500）	1（2）	1（20）	58.97
2	1（500）	1（2）	2（40）	56.93
3	1（500）	2（4）	1（20）	73.79
4	1（500）	2（4）	2（40）	70.98
5	2（600）	3（6）	1（20）	84.76

续表 4-11

序号	A	B	C	Sn 转化率/%
	熔炼温度/℃	碱性介质与 CME 质量比	熔炼时间/min	
6	2 (600)	3 (6)	2 (40)	87.77
7	2 (600)	4 (8)	3 (60)	86.94
8	2 (600)	4 (8)	4 (80)	88.73
9	3 (700)	1 (2)	3 (60)	63.86
10	3 (700)	2 (4)	4 (80)	83.74
11	3 (700)	3 (6)	3 (60)	88.74
12	3 (700)	4 (8)	4 (80)	93.76
$T1$	260.67	179.76	217.52	
$T2$	348.20	228.51	215.68	
$T3$	330.10	261.27	239.54	
$T4$		269.43	266.23	
$\overline{T1}$	65.17	59.92	72.51	
$\overline{T2}$	87.05	76.17	71.89	
$\overline{T3}$	82.53	87.09	79.85	
$\overline{T4}$		89.81	88.74	
R	21.88	29.89	16.85	
R'	22.76	23.30	13.13	

由表 4-11 可知，对于 Sn 的转化而言，$R'_B > R'_A > R'_C$，即三因素影响显著性顺序为碱性介质加入量 > 熔炼温度 > 熔炼时间，比较各因素不同水平下的 $\overline{T}$ 值可知，较适宜的熔炼条件为 $B4A2C4$，即碱性介质与 CME 质量比为 8，熔炼温度为 600℃，熔炼时间为 80min。

同样方法对 Pb、Al、Zn 在正交实验中的转化率进行均值与极差分析，分析结果见表 4-12。

表 4-12 Pb、Al、Zn、Cu 的均值与极差分析

元素	A				B					C				
	熔炼温度				碱性介质与 CME 质量比					熔炼时间				
	1	2	3	R'	1	2	3	4	R'	1	2	3	4	R'
Pb	49.70	67.71	52.29	18.73	38.91	58.55	68.48	60.31	23.05	57.39	57.07	54.72	57.08	2.08
Al	90.07	96.75	94.67	6.94	88.85	92.85	95.79	97.82	6.99	90.51	93.11	94.80	96.88	4.97
Zn	64.36	83.86	72.11	20.28	56.35	73.12	82.52	81.76	20.39	72.99	69.80	71.82	79.13	7.27
Cu	0.41	0.82	0.67	0.43	0.27	0.63	0.77	0.86	0.57	0.60	0.53	0.60	0.81	0.22

由表 4-12 可知，三因素对各金属转化效果的影响显著性顺序基本相同，均为碱性介质加入量 > 熔炼温度 > 熔炼时间，但优化条件却不尽相同：

（1）最利于 Pb 转化的条件为 $B3A2C1$，即碱料比为 6，熔炼温度 600℃，熔炼时间 20min；

（2）最利于 Al 转化的条件为 $B4A2C4$，即碱料比为 8，熔炼温度 600℃，熔炼时间 80min；

（3）最利于 Zn 转化的条件为 $B3A2C4$，即碱料比为 6，熔炼温度 600℃，熔炼时间 80min；

（4）Cu 为 CME 粉末中的主金属，其在碱性熔炼—浸出过程中的溶出会造成在整个工艺中的分散，不利于资源的综合回收利用，因此，其溶出率应尽可能低，根据正交实验结果，最不利于 Cu 转化的条件为 $B1A1C2$，即碱料比为 2，熔炼温度 500℃，熔炼时间 40min。

综合表 4-11 和表 4-12 分析结果，绘制正交实验中熔炼温度、碱性介质与 CME 质量比、熔炼时间等 3 个因素对金属转化效果的影响趋势图，如图 4-15 所示，更直观地展示了三因素对金属转化效果的影响。

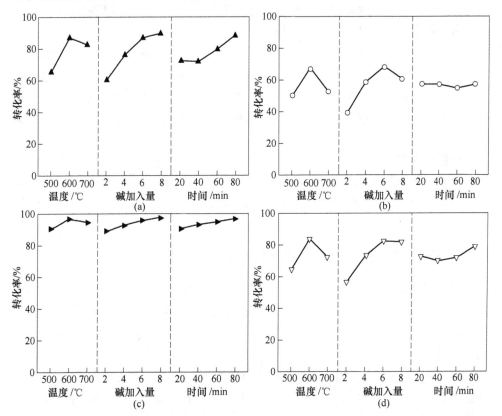

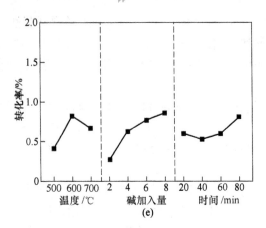

图 4-15 因素水平趋势图

(a) Sn；(b) Pb；(c) Al；(d) Zn；(e) Cu

正交实验结果显示，熔炼温度、碱性介质用量、熔炼时间三个影响因素中，碱性介质用量对金属转化效果的影响最为显著，其次为熔炼温度，而熔炼时间的影响在设计实验范围内较弱。随着碱性介质用量的增多，熔炼体系碱性增强，后续浸出过程中溶液碱度提高，均有利于两性金属的转化过程，而铜的溶出率也相应增多。熔炼温度升高促进了反应的快速进行，伴随着氧化剂 NaNO$_3$ 的快速分解，但活性氧在熔体中的溶解度随温度的升高而降低，以 O$_2$ 形式从熔体中逸出，无法对其中的金属起到良好的氧化作用，此外，Pb、Zn 及其氧化物在高温下易挥发，因此，熔炼温度需控制在适宜的范围内。熔炼时间对各金属转化过程影响相对较小。

根据正交实验结果，高水平的碱性介质用量、中等水平的熔炼温度有利于两性金属的转化及其与铜的分离，但考虑到熔炼过程中的试剂消耗及能量消耗，需结合 CME 中有价金属含量及提取价值，选用合适的熔炼条件实现工作效率的最大化。

4.3.3 碱性介质用量对金属转化效果的影响

在 CME 粉末加入量为 20g、NaNO$_3$ 加入量为 60g、熔炼温度 600℃、熔炼时间 60min 条件下，考察碱性介质与 CME 质量比（碱料比）依次为 2、3、4、6、8、10 时对金属转化效果的影响，其中碱性介质为 Na$_2$CO$_3$ 与 NaOH 的混合物，且两者质量比为 21.2:64，实验结果如图 4-16 所示。

由图 4-16 可看出，随着碱性介质用量的增加，两性金属的转化率逐渐上升，碱料比在 2~4 范围内时，转化率上升较快，而之后呈缓慢上升的趋势。随着碱料比的增加，CME 与碱性介质间的接触更加充分，反应生成物在熔盐中的浓度

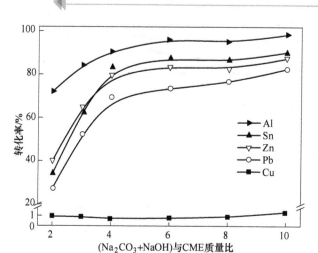

图 4-16　碱性介质用量对金属转化效果的影响

被稀释而降低，促进了两性金属的转化。当碱料比为 10 时两性金属的转化率最高，此时碱性介质的消耗量是碱料比为 4 时的 2.5 倍，然而，两性金属转化效果的提升却并不理想。

综合考虑试剂消耗与金属转化、分离效果，选取碱料比 4 为较适宜的碱性介质加入量，此时 Sn、Pb、Zn、Al 的转化率分别为 83.56%、69.68%、80.04%、90.87%，同时 0.71% 的铜溶于碱性溶液中。

4.3.4　熔炼温度对金属转化效果的影响

在 CME 粉末加入量为 20g、碱料比 4:1、Na₂CO₃ 与 NaOH 质量比为 21.2:64 时，Na₂CO₃ 加入量应为 19.91g，NaOH 加入量为 60.09g，为方便实验操作，Na₂CO₃ 加入量取 20g、NaOH 加入量取 60g。在 NaNO₃ 加入量为 30g、熔炼时间 60min 条件下，考察熔炼温度依次为 400℃、500℃、600℃、700℃、800℃ 时对金属转化效果的影响，实验结果如图 4-17 所示。

由图 4-17 可以看出，在 400～800℃ 的实验范围内，熔炼温度对各金属转化效果影响差异较大。Al 的转化受熔炼过程影响较小，因而其转化率在实验范围内变化不大。Sn 的转化率在 400～600℃ 之间随温度的升高而升高，而当熔炼温度高于 600℃ 后，转化率下降。Pb、Zn 转化率则在熔炼温度为 500℃ 左右时达到最大值，之后随温度的升高而降低。铜的溶出率稳定在 0.6% 左右。

随着熔炼温度的升高，熔盐体系黏度下降，离子间迁移、碰撞的阻力减小，使得各金属能够更快速、充分地与熔盐反应，两性金属转化率升高。然而，熔炼温度升高使得氧化剂 NaNO₃ 的分解速率加快，O₂ 逸出速率加快，对金属的氧化作用减弱。在两种因素的相互制约下，金属的转化率产生了上述变化，此外，Pb、

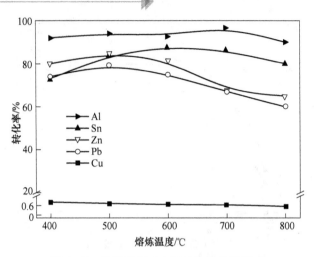

图 4-17　熔炼温度对金属转化效果的影响

Zn 及其氧化物在高温下的挥发现象也是导致其转化率在高温状态下大幅度降低的原因之一。

综合考虑各金属在 CME 中所占质量分数及两性金属与铜的分离效果，选择 600℃为适宜的熔炼温度。

4.3.5　熔炼时间对金属转化效果的影响

在 CME 粉末加入量为 20g、NaNO₃ 加入量为 60g、NaOH 加入量为 60g、Na₂CO₃ 加入量为 20g、熔炼温度 600℃ 条件下，考察熔炼时间依次为 0min、20min、40min、60min、80min、100min 时对金属转化效果的影响，实验结果如图 4-18 所示。其中，熔炼时间为 0min 实验是将 CME 与 NaNO₃、Na₂CO₃、NaOH 按

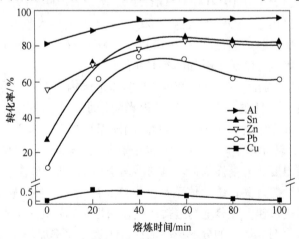

图 4-18　熔炼时间对金属转化效果的影响

比例混合后不经熔炼而直接进入浸出过程。

从图 4-18 可看出，随着熔炼时间的增加，Sn、Pb、Zn、Al 等两性金属的转化率都呈现先迅速增加后保持平衡或略有降低的趋势，在 40min 左右，转化率最高，Cu 的溶出率在熔炼时间为 20min 时较高，之后随着氧化程度的深入，产物中 Cu_2O 减少，溶于碱液的 Cu 减少。选择 40min 为 Na_2CO_3-NaOH-$NaNO_3$ 体系的最佳熔炼时间。

相对于原 NaOH-$NaNO_3$ 体系，Na_2CO_3-NaOH-$NaNO_3$ 体系需要更高的熔炼温度，而高温能够提供更高活性的液相环境，使得各物质的扩散系数大大提高，熔炼时间明显缩短。

4.4　NaOH-空气-NaNO₃体系处理 CME 粉末的研究

对于氧化体系而言，空气无疑是最为廉价的氧化剂，若能以空气为碱性熔炼过程的主要氧化剂，将大大降低熔炼过程试剂消耗，节约工艺运行成本。为此，对 NaOH-空气-$NaNO_3$ 熔炼体系进行了研究。

通过对实验用电阻炉的改造（见图 4-19），采用电动泵将空气通过两支镍制喷枪通入熔体中。由于空气喷入时有一定压力，可能造成 CME 粉末飞溅脱离熔炼体系，需使 NaOH、$NaNO_3$ 等熔化形成连续液相覆盖 CME 粉末后再通入空气，探索实验表明 NaOH、$NaNO_3$ 混合物在 13min 左右可完全熔化，研究中空气在物料放入电阻炉后 15min 开始通入，此时间计入总熔炼时间。不同于之前两熔炼体系，本体系中大量气体逸出过程会带走部分热量，使得熔体温度低于炉膛内温度，特将热电偶插入熔体内部，以测定并准确控制熔体温度。此外，气流会对熔

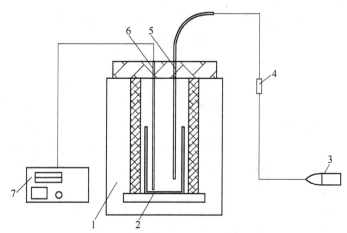

图 4-19　电阻炉改造示意图

1—电阻炉；2—镍制坩埚；3—空气泵；4—流量计；

5—空气喷枪；6—热电偶；7—温度控制器

体造成强烈的搅动，为防止熔体从坩埚中溢出造成损失，订制细长的圆柱形坩埚，并适当增大每次实验过程中 CME 使用量，减少实验误差。

4.4.1   NaNO₃加入量对金属转化效果的影响

探索实验显示，空气在碱性熔炼过程中可对两性金属起氧化作用，但其氧化能力有限，金属转化效率较低，因此仍有必要添加部分 $NaNO_3$，促进转化过程的快速进行。考虑到空气从熔体中逸出的过程可能会促进 Pb、Zn 及其氧化物的挥发，熔炼温度需适度降低。

在 CME 粉末加入量为 30g、NaOH 加入量为 90g、熔炼温度 450℃、熔炼时间 75min（前 15min 不通入空气）、空气流量 0.6L/min 条件下，考察 $NaNO_3$ 与 CME 质量比分别为 0、0.2、0.4、0.6、0.8、1.0、1.2 时对金属转化效果的影响，实验结果如图 4-20 所示。

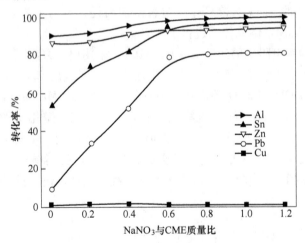

图 4-20 $NaNO_3$ 加入量对金属转化效果的影响

从图 4-20 可知，$NaNO_3$ 加入量为零时，各两性金属均有一定量的转化，其中 Sn、Pb 转化率较低，随着 $NaNO_3$ 加入量的增加，两性金属的转化率均呈上升趋势，且 Pb 转化率上升幅度最大，其次为 Sn，而 Zn、Al 转化率的上升幅度较小，当 $NaNO_3$ 与 CME 粉末质量比大于 0.6 后，两性金属转化率的上升趋势减弱，Al 的转化率在实验范围内始终高于 90%。

不添加 $NaNO_3$ 时，空气中的 O_2 对 CME 粉末中的金属进行氧化，由于高温熔体中氧气溶解度较小，与金属接触碰撞的活性氧含量较少，严重影响了金属的氧化程度，从而导致 Sn、Pb 转化率较低，Zn、Al 对熔炼过程氧化性环境依赖度较低，其转化率所受影响较小。添加 $NaNO_3$ 后，$NaNO_3$ 分解产生的活性氧在对 CME 粉末的氧化作用中仍起主导作用，随着 $NaNO_3$ 加入量的增多，熔体中活性氧浓度增大，CME 中金属的氧化程度更加彻底，而空气中的 O_2 则起协同氧化作用，此外，在 O_2 作用下，$NaNO_3$ 分解产生的 $NaNO_2$ 可再次转化为 $NaNO_3$，因此，空气的通入有助于减少熔炼过程中 $NaNO_3$ 消耗[164]。气流对熔体强烈的搅拌作用使得活性氧和碱与金属间的接触碰撞更加充分，这是本熔炼体系中 $NaNO_3$ 消耗量相对于 $NaOH$-$NaNO_3$ 体系大幅度降低的主要原因之一。

综合考虑转化效果及物料消耗等因素，选择 $NaNO_3$ 与 CME 质量比 0.6 为最佳 $NaNO_3$ 添加量，此时两性金属转化率分别为 Sn 95.07%，Pb 78.93%，Zn 93.43%，Al 98.74%，同时 0.88% 的 Cu 溶于碱性溶液中。

4.4.2 NaOH 加入量对金属转化效果的影响

本体系中，较少的 $NaNO_3$ 添加量减少了熔融液相的体积，并将进一步降低熔盐相溶解活性氧的能力，此外，较少的液相组成可能导致熔炼过程中液相不连续，熔炼体系流动性差，气流喷吹过程中反应器内液固两相分布不均匀，影响熔炼过程的正常进行。NaOH 作为熔炼体系液相中的另一关键组成成分，其添加量将直接影响熔炼过程液相状态。

在 CME 粉末加入量为 30g、$NaNO_3$ 加入量为 18g（$NaNO_3$ 与 CME 质量比为 0.6）、熔炼温度 450℃、熔炼时间 75min（前 15min 不通入空气）、空气流量 0.6L/min 条件下，考察 NaOH 与 CME 质量比分别为 1.0、1.5、2.0、2.5、3.0、3.5 时对金属转化效果的影响，实验结果如图 4-21 所示。

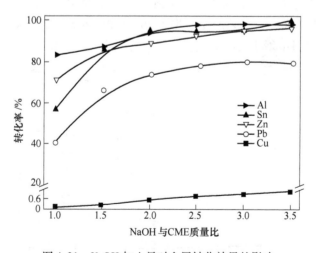

图 4-21 NaOH 加入量对金属转化效果的影响

从图 4-21 可知，随着 NaOH 加入量的增加，两性金属的转化率都呈上升趋势，而当 NaOH 与 CME 粉末质量比大于 2.5 后，两性金属的转化率基本维持恒定，依次为 Sn 94.36%，Pb 78.54%，Al 98.37%，Zn 92.75%。Cu 的溶出率在 NaOH 与 CME 质量比低于 1.5 时极低，可忽略，而之后随 NaOH 加入量的增多逐渐升高。

NaOH 是熔炼过程中的重要反应介质，可促进 $NaNO_3$ 的分解，吸收并转化氧化产物，同时其添加量直接影响后续浸出过程中的溶液碱度及金属稳定存在状态。在 NaOH 添加量较少时，熔炼过程中两性金属的氧化及转化过程均受影响，而浸出过程溶液的低碱度也有可能造成部分已转化的两性金属钠盐因水解而沉淀。Cu 的溶出与浸出过程碱度直接相关，由其变化趋势也可判断 NaOH 与 CME 质量比低于 1.5 时溶液碱度过低，不利于转化所得钠盐的溶解。此外，本体系中，$NaNO_3$ 加入量较少，需添加适当的 NaOH 以保证液相体积充足，使通入的空气可对熔体进行充分的搅动，增加反应物之间的接触碰撞次数，提高两性金属的转化效果。在传统湿法冶金过程中，一般液固比经验值不能低于 3，本熔炼过程与之类似。

综合考虑金属间的转化分离效果及物料消耗，选择 NaOH 与 CME 质量比 2.5 为适宜的 NaOH 加入量。

4.4.3 空气流量对金属转化效果的影响

在 CME 粉末加入量为 30g、$NaNO_3$ 加入量为 18g（$NaNO_3$ 与 CME 质量比为 0.6）、NaOH 加入量为 75g（NaOH 与 CME 质量比为 2.5）、熔炼温度 450℃、熔炼时间 75min（前 15min 不通入空气）条件下，考察空气流量分别为 0L/min、0.2L/min、0.4L/min、0.6L/min、0.8L/min、1.0L/min 时对金属转化效果的影响，实验结果如图 4-22 所示。

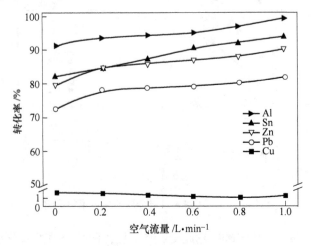

图 4-22 空气流量对金属转化效果的影响

从图 4-22 可以看出，随着空气流量的增加，各金属的转化率均有不同程度的增加，其中 Sn、Pb 两金属转化率增幅明显。

本熔炼体系中，喷入熔体的空气与熔体中熔融的 $NaNO_3$ 共同作用于 CME 中的金属，使金属氧化进而被碱介质吸收转化，而根据之前研究结果可知，空气除协同氧化作用外，其高速流动对熔体造成的强烈搅拌效果也是本体系 NaOH、$NaNO_3$ 消耗量明显降低的重要原因。在同一未设置搅拌装置的反应器中，空气流量直接决定了其对熔体的搅拌效果，流量越大，对熔体的搅拌越剧烈，越有利于体系中的各项物理化学反应。然而，过高的空气流量会造成熔体喷溅，且高速通入的常温空气被熔体加热后逸出，引起热量流失，熔体温度降低，从而造成不必要的能量消耗。

研究中，结合金属转化分离效果及实验中熔体运动现象，选用 1.0L/min 为适宜的空气流量，此时两性金属转化率依次为 Sn 93.73%，Pb 81.93%，Al 99.52%，Zn 90.42%，同时 1.25% 的 Cu 溶于碱性溶液中。

4.4.4 熔炼时间对金属转化效果的影响

在 CME 粉末加入量为 30g、$NaNO_3$ 加入量为 18g（$NaNO_3$ 与 CME 质量比为 0.6）、NaOH 加入量为 75g（NaOH 与 CME 质量比为 2.5）、熔炼温度 450℃、空气流量 1.0L/min 条件下，考察熔炼时间分别为 15min、35min、45min、55min、65min、75min 时对金属转化效果的影响，实验结果如图 4-23 所示。其中，每个实验点的前 15min 为预留的 NaOH、$NaNO_3$ 熔化时间，此段时间内不通入空气，即 15min 实验过程中无气体通入。

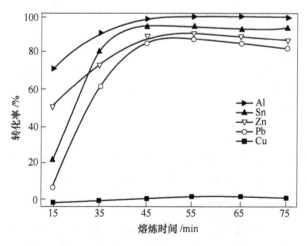

图 4-23 熔炼时间对金属转化效果的影响

由图 4-23 可知，熔炼时间的延长有利于熔炼过程的充分进行，各金属的转化效果均呈现先升高后稳定的状态，而 Pb、Zn 转化率在熔炼时间较长时有下降趋势。

选取 45min 为较适宜的熔炼反应时间，此时两性金属转化率依次为 Sn 94.47%，Pb 85.27%，Al 100%，Zn 90.20%，同时 1.77% 的 Cu 溶于碱性溶液中。相对于 NaOH-NaNO₃ 熔炼体系，本熔炼体系中，空气在熔体中的运动带动了熔体内各物质间的相互运动，强化了熔炼反应的传质过程，进而缩短了反应达到平衡所需时间。

4.4.5 熔炼温度对金属转化效果的影响

在 CME 粉末加入量为 30g、NaNO₃ 加入量为 18g（NaNO₃ 与 CME 质量比为 0.6）、NaOH 加入量为 75g（NaOH 与 CME 质量比为 2.5）、熔炼时间 45min、空气流量 1.0L/min 条件下，考察熔炼温度分别为 300℃、350℃、400℃、450℃、500℃时对金属转化效果的影响，实验结果如图 4-24 所示。

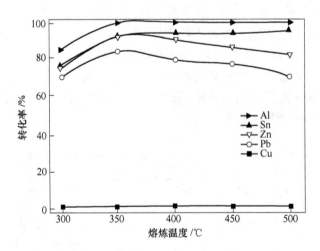

图 4-24　熔炼温度对金属转化效果的影响

从图 4-24 可知，在 300~350℃温度区间内，随着熔炼温度的增加，两性金属的转化率均有所升高；在 350℃之后，熔炼温度继续升高，Sn、Al 的转化率基本保持稳定，而 Pb 和 Zn 的转化率逐渐降低。在 NaOH-NaNO₃ 熔炼体系和 Na₂CO₃-NaOH-NaNO₃ 熔炼体系中，较高熔炼温度下，Pb、Zn 转化率都展示了随熔炼温度的升高而降低的变化趋势，这是由于 Pb、Zn 在碱性熔炼过程中转化所得钠盐高温下不稳定，且其单质及氧化物均具有较高的饱和蒸气压，易挥发而脱离熔炼体系。本熔炼体系中，空气的快速喷入和逸出促进了 Pb、Zn 单质及氧化物的挥发过程，使得因挥发造成转化率降低的现象在更低的熔炼温度条件下被明显观测到。

选取两性金属转化率较高的 350℃ 为本体系的较适熔炼温度，此时两性金属转化率分别为 Sn 93.26%，Pb 83.99%，Al 99.56%，Zn 91.97%，同时 1.85% 的 Cu 溶于碱性溶液中。

4.4.6 氧气浓度对金属转化效果的影响

本熔炼体系中，空气对熔体具有一定的氧化作用，同时其快速运动对熔体的搅拌作用不容忽视，为详细探究两作用间的显著性关系，研究考察了气相中氧气浓度对金属转化效果的影响。

在 CME 粉末加入量为 30g、NaNO₃ 加入量为 18g（NaNO₃ 与 CME 质量比为 0.6）、NaOH 加入量为 75g（NaOH 与 CME 质量比为 2.5）、熔炼时间 30min、熔炼温度 350℃、气体流量 1.0L/min 条件下，考察气相含氧量分别为 0%（高纯氩气）、21%（空气）、50%、75%、100% 时对金属转化效果的影响，实验结果如图 4-25 所示。

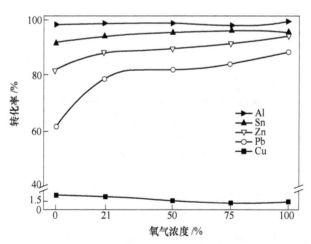

图 4-25 氧气浓度对金属转化效果的影响

由图 4-25 可以看出，随着氧气浓度的升高，Pb、Zn 的转化率呈上升趋势；Sn、Al 转化率分别保持在 90%、95% 以上，波动较小；Cu 的溶出率有小幅度的下降。由此可判断，空气中的 O_2 对 Pb、Zn 的转化效果具有一定的促进作用，而 Sn、Al 的转化则主要受 Na_2NO_3 的氧化作用、NaOH 的吸收转化作用及空气的搅拌作用影响，空气中 O_2 的协同氧化作用不显著。气相中氧浓度的提高促进了 Cu

的氧化, 减少了 Cu_2O 的生成, 因而溶于碱液中的 Cu 减少。

综合考虑各金属在 CME 粉末中的含量、回收价值及熔炼过程转化分离效果、物料消耗等因素, 仍采用几乎无成本的空气作为辅助氧化剂。

4.4.7   氧化剂间协同作用研究

由上述研究结果可知, 本体系中 $NaNO_3$ 为主氧化剂, 空气中的 O_2 为辅助氧化剂, 为详细考察两者之间的关系, 在 CME 粉末加入量为 30g、$NaNO_3$ 加入量为 18g ($NaNO_3$ 与 CME 质量比为 0.6)、NaOH 加入量为 75g (NaOH 与 CME 质量比为 2.5)、熔炼时间 30min、气相 (空气或氩气) 流量 1.0L/min 条件下, 采用离子色谱测定了本熔炼体系中 N 元素在不同熔炼温度下的迁移转化行为, 结果如图 4-26 所示。

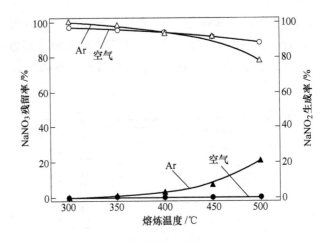

图 4-26   温度对硝酸钠分解产物组成的影响

由图 4-26 可知, 熔炼过程中通入氩气对熔体进行搅拌时, $NaNO_3$ 分解产物多为 $NaNO_2$, 而通入空气时, 熔炼产物中未检测到 $NaNO_2$ 的生成, 可认为是在空气中 O_2 的作用下, $NaNO_3$ 分解生成的 $NaNO_2$ 再次转化为 $NaNO_3$。此外, O_2 还有可能与 $NaNO_3$ 分解产生的活性氧之间发生反应, 如式 (4-15) 所示。

$$O^{2-} + \frac{1}{2}O \longrightarrow O_2^{2-} \tag{4-15}$$

综上所述, 可将 O_2 与 $NaNO_3$ 在熔体中的相互反应及其对 CME 中金属的氧化过程用图 4-27 表示。O_2 通过 $NaNO_3$、$NaNO_2$, 各类活性氧转化过程中的 O 原子传递对 CME 中金属进行氧化, 熔炼过程中 $NaNO_3$ 理论消耗量为零。

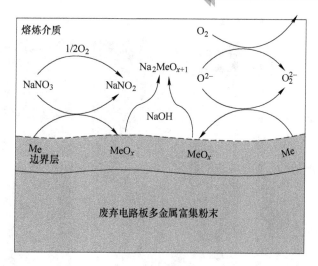

图 4-27　$NaNO_3$ 与 O_2 间协同作用关系图

4.5　体系综合对比分析

上述研究中，分别采用 $NaOH$-$NaNO_3$ 体系、Na_2CO_3-$NaOH$-$NaNO_3$ 体系、$NaOH$-空气-$NaNO_3$ 体系对 CME 粉末进行有价金属分离处理，由于碱性熔炼介质与 CME 粉末间存在较大的密度差，$NaOH$-$NaNO_3$ 体系、Na_2CO_3-$NaOH$-$NaNO_3$ 体系熔炼产物呈现明显的分层现象，$NaOH$-空气-$NaNO_3$ 体系所得产物在熔炼完成后静置过程中也出现密度分层现象。以 $NaOH$-$NaNO_3$ 体系为例，熔炼产物如图 4-28 所示，上层为白色，下层为黑色。取 $NaOH$-$NaNO_3$ 体系最佳条件下的熔炼产物分界层处代表性颗粒进行 SEM-EDX 检测可知，Sn、Pb、Al、Zn 等两性金属转化物与未完全反应的 $NaOH$、$NaNO_3$ 富集于上部熔盐层，而下部主要为 Cu，如图 4-29 所示。Na_2CO_3-$NaOH$-$NaNO_3$ 体系、$NaOH$-空气-$NaNO_3$ 体系 SEM-EDX 检测结

图 4-28　$NaOH$-$NaNO_3$ 体系熔炼产物照片

果与 NaOH- NaNO$_3$体系基本一致。

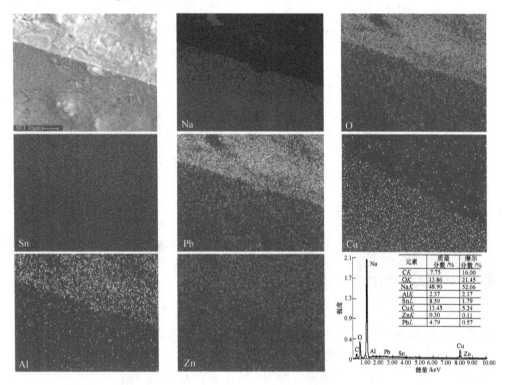

元素	质量分数/%	摩尔分数/%
CK	7.75	16.00
OK	13.86	21.45
NaK	48.90	52.66
AlK	2.37	2.17
SnL	8.59	1.79
CuK	13.45	5.24
ZnK	0.30	0.11
PbL	4.79	0.57

图 4-29   NaOH- NaNO$_3$体系熔炼产物分界层代表颗粒 EDX 分析结果

　　取三熔炼体系对应最优熔炼条件下所得产物熔盐层，采用无水乙醇洗涤除去其中大部分的 NaOH、Na$_2$CO$_3$后进行 XRD 检测，结果如图 4-30 所示。

　　由图 4-30 可知，两性金属在三熔炼体系中转化所得产物物相类型基本一致，其中 Sn 熔炼产物主要为 Na$_2$SnO$_3$，同时有部分未完全转化的 SnO$_2$，Pb 熔炼产物为 Na$_2$PbO$_3$，Al 熔炼产物为 Na$_2$AlO$_3$，Zn 熔炼产物则以氧化物 ZnO 形态存在（其转化过程可能与 Pb 类似，在浸出过程中与 NaOH 继续反应），CME 粉末中主金属 Cu 被氧化为 CuO，部分夹杂于熔盐层中。据此推断，各金属在不同体系中的转化过程基本一致，熔炼体系的不同对金属转化历程影响不大。在 NaOH- NaNO$_3$体系熔炼产物（见图 4-30（a））中，存在大量未完全反应的 NaNO$_3$及其分解产物 NaNO$_2$；在 Na$_2$CO$_3$- NaOH- NaNO$_3$体系熔炼产物（见图 4-30（b））中，NaNO$_2$特征峰强度较弱，结合 NaNO$_3$基本性质可推断，该体系较高的熔炼温度使 NaNO$_3$分解更彻底，分解产物主要为 N$_2$；在 NaOH- 空气- NaNO$_3$体系熔炼产物（见图 4-30（c））中，NaNO$_2$特征峰基本不存在，说明此熔炼产物中 NaNO$_2$含量较低，印证了空气中 O$_2$对 NaNO$_3$再生的促进作用。

　　三熔炼体系对应的优化熔炼条件及优化条件下各有价金属转化情况见表 4-13。

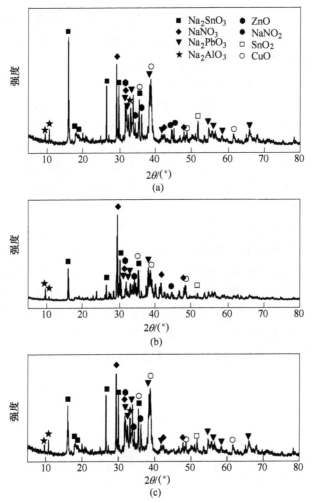

图 4-30 三体系熔炼产物 XRD 图

（a）NaOH-NaNO₃ 体系熔炼产物；（b）Na₂CO₃-NaOH-NaNO₃ 体系熔炼产物；

（c）NaOH-空气-NaNO₃ 体系熔炼产物

由表可知，三熔炼体系在试剂消耗、熔炼条件、金属转化分离效果等方面各具特点。

表 4-13 三熔炼体系优化条件及金属转化效果对比

熔炼体系		熔炼条件		两性金属转化率/%				Cu
物质组成	配比	熔炼温度/℃	熔炼时间/min	Sn	Pb	Zn	Al	溶出率/%
CME-NaOH-NaNO₃	1:4:3	500	90	96.85	78.80	91.28	98.39	2.12
CME-Na₂CO₃-NaOH-NaNO₃	1:1:3:3	600	40	84.55	73.97	78.87	95.22	0.49
CME-NaOH-空气-NaNO₃	1:2.5:1.0L/min:0.6	350	45	93.26	83.99	91.97	99.56	1.85

NaOH-NaNO$_3$ 体系是最基础最常用的氧化性碱性熔炼体系，具有操作流程简单、反应介质活性强、两性金属转化效果好等优点，而为了使熔炼体系中形成均匀连续的液相环境，NaOH、NaNO$_3$ 添加量偏高，待有价金属从熔炼产物浸出液中分离提取后，需将 NaOH、NaNO$_3$ 循环利用。

Na$_2$CO$_3$-NaOH-NaNO$_3$ 体系中 Na$_2$CO$_3$ 熔点较高，因此该体系需采用较高的熔炼温度，Na$_2$CO$_3$ 的引入降低了熔炼体系碱度，对设备腐蚀性较小，但在 Na$_2$CO$_3$ 对 NaOH 代替率较高时，两性金属转化率急剧下降。此外，较高的熔炼温度虽然使转化过程能在较短的熔炼时间内完成，但却容易导致 Pb、Zn 等金属及其氧化物因挥发而脱离熔炼体系，本体系两性金属转化率相对于其他两体系较低，相应的铜溶出率也较低。

NaOH-空气-NaNO$_3$ 体系由于需要向熔体中通入气体，需对实验装置进行改造。空气中 O$_2$ 对熔体的氧化作用使 NaNO$_3$ 理论消耗量为零，但其直接与金属反应的能力较弱，仍需添加少量 NaNO$_3$ 进行 O 的传递。气流对熔体的强烈搅拌使得 CME 粉末与碱性反应介质间的接触碰撞更加剧烈，大大减少了碱及氧化剂的添加量，同时，熔炼过程可在较低的温度、较短的时间内完成。

综上所述，NaOH-空气-NaNO$_3$ 体系相对于 NaOH-NaNO$_3$ 体系和 Na$_2$CO$_3$-NaOH-NaNO$_3$ 体系具有较高的推广应用潜力。

5 熔炼产物浸出过程研究

5.1 引言

在熔炼过程中，两性金属在氧化剂与碱性反应剂的作用下转化为可溶性钠盐，被捕集于熔盐相中，而铜及贵金属则形成单独的难溶性固态渣相，水浸出是实现此熔炼产物中两性金属与铜分离的最为简便的方式。本章以 NaOH-空气-NaNO$_3$体系最佳熔炼条件下获得的熔炼产物为主要研究对象，考察水浸出过程液固比、浸出温度、浸出时间、搅拌速率等因素对熔炼产物中金属浸出效果的影响，对浸出过程进行优化实验研究，确定适宜的浸出条件，针对熔炼产物破碎颗粒特点，采用分形修正收缩核模型进行浸出过程的动力学行为研究，寻找提高两性金属浸出率的有效措施。

熔炼产物制备条件为 CME 粉末加入量 30g、NaNO$_3$加入量 18g、NaOH 加入量 75g、熔炼时间 45min、熔炼温度 350℃、气体流量 1.0L/min。熔炼反应完成后，将盛有熔炼产物的镍制坩埚从电阻炉中取出，置于大量冰水混合物中急速冷却，取出熔炼产物破碎至 150μm（100 目）左右进行浸出实验研究。

5.2 熔炼产物浸出工艺研究

5.2.1 液固比对金属浸出效果的影响

熔炼产物冷却破碎后，在浸出温度 40℃、浸出时间 90min、搅拌速率 300r/min 条件下，考察液固比分别为 3、5、7、9、10、12 时对金属浸出效果的影响，实验结果如图 5-1 所示。图 5-1 同时显示了浸出液与洗涤液混合后溶液中 NaOH 的浓度。

由图 5-1 可见，随着液固比的增加，Sn、Pb 转化率明显增加，Zn 转化率有小幅度上升，在液固比 9 左右，Sn、Pb、Zn 浸出率基本达到最高值，分别为 93.46%、82.49%、88.45%，液固比大于 10 以后，三者浸出率均出现微弱的下降趋势，Al 的浸出率在实验范围内一直保持在 95% 以上，Cu 的浸出率随着液固比的增加缓慢降低。

随着液固比的增加，溶液中 Na$^+$浓度逐渐降低，同离子效应减弱，有利于钠盐溶解过程的充分进行，金属浸出率升高。但液固比的增加同时会造成溶液碱度的下降，根据 E-pH 图可知，溶液 pH 值低于一定值后，Sn(OH)$_6^{2-}$、Pb(OH)$_3^-$、

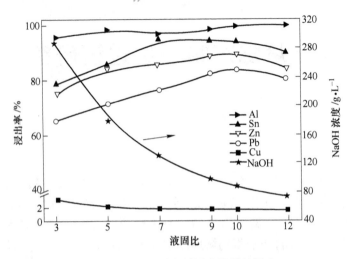

图 5-1 液固比对金属浸出效果的影响

$Zn(OH)_4^{2-}$ 等羟基配合离子出现水解现象，以氧化物或氢氧化物沉淀形式析出，造成溶液中金属浓度降低，表观浸出率降低。在两种相互制约的因素作用下，Sn、Pb、Zn 浸出率呈现出先上升后降低的趋势，$Al(OH)_4^-$ 对溶液碱度要求较低，在实验范围内未出现水解现象。此外，常温状态下，高浓度 NaOH 溶液黏度较高，液固比的增加大大降低了溶液黏度，可使后续过滤工序得以快速完成，同时减少了浸出渣洗涤过程用水量。

实验中发现，溶液中 Sn 浓度高于 3.3.2 节部分所测定对应碱度下 Sn 饱和浓度，这是由于浸出液黏度较大，大量极细小的 Na_2SnO_3 晶体短时间内无法聚集长大而沉淀析出，仍悬浮于溶液中，即溶液处于过饱和状态，将此溶液静置 72h 后可观察到明显的白色沉淀物产生，经 XRD 检测证实为 $Na_2Sn(OH)_6$ 与 Na_2CO_3 的混合物。CME 粉末中 Pb、Zn、Al 含量较低，浸出液中未饱和。

为尽量提高两性金属浸出率，同时减少后续工序废液体积，选取液固比 9 为最适液固比。

5.2.2 浸出温度对金属浸出效果的影响

熔炼产物冷却破碎后，在液固体积质量比为 9、浸出时间 90min、搅拌速率 300r/min 条件下，考察浸出温度分别为 20℃、30℃、40℃、50℃、60℃ 时对金属浸出效果的影响，实验结果如图 5-2 所示。

由图 5-2 可以看出，在实验范围内，Al、Pb、Zn 浸出率随浸出温度的升高呈整体上升趋势，其中 Pb 浸出率上升幅度较大；Sn 的浸出率在 20~40℃ 范围内随浸出温度的升高而升高，而高于 40℃ 之后，Sn 的浸出率随浸出温度的升高而下降；Cu 在碱液中的溶出率随温度的升高呈现小幅度的上升趋势。

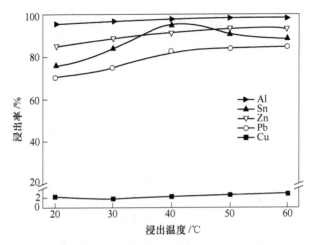

图 5-2　浸出温度对金属浸出效果的影响

研究中，理想的浸出过程是可溶性钠盐的溶解过程，但实际浸出过程中，不可避免地包含了熔炼过程未完全反应的金属或氧化物在水介质中与碱的继续反应，如 ZnO 与 NaOH 溶液间的反应，此外，部分熔炼产物在水溶液作用下可能发生氧化还原反应，如 Pb 的碱性熔炼产物 Na_2PbO_3 在水溶液中被还原，最终以 PbO_2^{2-} 形态存在于溶液中。浸出温度的升高可促进这些反应的进行，因而金属浸出率随浸出温度的升高而升高。由 3.3.2 节部分对 Na_2SnO_3 溶解度的测定结果可知，相同碱度条件下，Na_2SnO_3 溶解度在 20～60℃ 温度范围内随温度的升高呈先升高后降低的趋势，其中 40℃ 时溶解度较高，本实验中，Sn 浸出率变化与其在碱液中的溶解度变化有关。

选取两性金属浸出率均较高的 40℃ 为最适浸出温度，此条件下，两性金属浸出率分别为 Sn 94.86%，Pb 83.24%，Zn 90.93%，Al 97.73%，同时 2.17% 的 Cu 溶于碱性溶液中。

5.2.3　浸出时间对金属浸出效果的影响

熔炼产物冷却破碎后，在液固体积质量比为 9、浸出温度 40℃、搅拌速率 300r/min 条件下，考察浸出时间分别为 20min、40min、60min、90min、120min 时对金属浸出效果的影响，实验结果如图 5-3 所示。

由图 5-3 可以看出，浸出时间对 Pb、Zn、Al 浸出效果的影响较小，三者浸出率随浸出时间的延长有小幅度的提升，而 Sn 的浸出率在 20～60min 范围内迅速升高，在 60min 左右达到最高值 96.10%，此时，Pb、Zn、Al 浸出率分别为 82.14%、92.12%、97.69%。Cu 在碱液中的溶出率随浸出时间的延长而升高，60min 时，2.60% 的 Cu 溶于碱性溶液中。

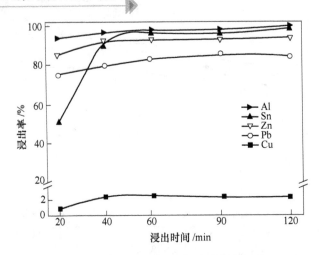

图 5-3　浸出时间对金属浸出效果的影响

CME 粉末中，Pb、Zn、Al 含量相对较低，对应生成的钠盐、氧化物等产物也较少，可较快地与碱性溶液反应完成溶解过程，而 Sn 在原料中含量较高，结合熔炼产物 XRD 图（见图 4-30）可知，熔炼产物中除可溶性的 Na_2SnO_3 外，仍含有部分未能与碱完全反应的 SnO_2，在浸出过程强烈而均匀的搅拌作用下，这部分未完全转化的 SnO_2 可进一步与碱性溶液反应，而 SnO_2 具有稳定的四方晶型，因此其与碱液之间的反应所需时间较长。

综合考虑各金属在 CME 中所占质量分数及分离回收价值，选取 60min 为最适浸出时间。

5.2.4　搅拌速率对金属浸出效果的影响

熔炼产物冷却破碎后，在液固体积质量比为 9、浸出温度 40℃、浸出时间 60min 条件下，考察搅拌速率分别为 0r/min、100r/min、200r/min、300r/min、400r/min 时对金属浸出效果的影响，实验结果如图 5-4 所示。

由图 5-4 可知，在搅拌速率为零，即仅对熔炼产物颗粒进行浸泡操作时，仍有部分金属被浸出，但浸出率较低，随着搅拌速率的升高，各金属浸出率均呈稳定的升高趋势，在搅拌速率达到 300r/min 以上时，搅拌速率的进一步升高对金属浸出效果影响不大。

当搅拌速率较低时，熔炼产物由于密度较大，部分沉积于烧杯底部，与溶液间的接触不充分，影响了其中金属的浸出。此外，较低的搅拌速率也不利于浸出体系中各相间的传质传热过程，尤其是熔炼产物颗粒表面的传质传热过程。因此，需要控制合适的搅拌速度，确保熔炼产物在浸出体系中呈悬浮状态均匀分散，同时强化熔炼产物颗粒表面的传质传热过程。

综合考虑，选取 300r/min 为浸出过程中适宜的搅拌速率。

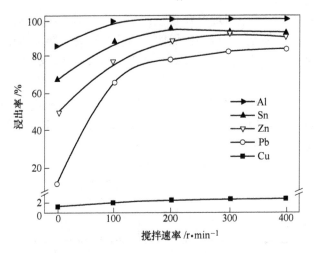

图 5-4 搅拌速率对金属浸出效果的影响

5.2.5 综合验证实验

通过以上系列单因素实验研究，得出了 NaOH-空气-NaNO$_3$ 体系最佳熔炼条件下所得熔炼产物的优化浸出工艺条件：液固比为9、浸出温度为40℃、浸出时间为60min、搅拌速率为300r/min。在此优化工艺条件下，针对 NaOH-NaNO$_3$ 体系、Na$_2$CO$_3$-NaOH-NaNO$_3$ 体系及 NaOH-空气-NaNO$_3$ 体系等三熔炼体系最佳条件下所得熔炼产物进行验证实验，结果见表5-1。

表 5-1 优化浸出条件验证实验

熔炼产物来源		两性金属浸出率/%				Cu 溶出率/%
		Sn	Pb	Zn	Al	
NaOH-NaNO$_3$体系	1 号	94.37	78.23	90.17	98.62	2.13
	2 号	95.89	80.53	92.65	98.77	2.14
	3 号	97.21	81.77	92.62	99.71	2.30
	平均值	95.82	80.18	91.81	99.03	2.19
Na$_2$CO$_3$-NaOH-NaNO$_3$体系	1 号	85.92	69.88	82.42	90.15	0.38
	2 号	89.01	71.37	84.72	93.73	0.52
	3 号	86.82	70.39	82.91	90.88	0.48
	平均值	87.25	70.55	83.35	91.59	0.46
NaOH-空气-NaNO$_3$体系	1 号	94.76	84.57	90.26	98.53	1.93
	2 号	95.20	85.27	92.34	99.77	2.15
	3 号	92.84	83.82	91.08	97.68	1.97
	平均值	94.27	84.55	91.23	98.66	2.02

　　由表 5-1 可知，三体系熔炼产物在该浸出条件下均可达到较好的浸出效果，相对于第 4 章熔炼过程研究部分为确保两性转化产物完全溶解所用浸出条件，本优化条件中液固比较小，浸出时间较短，减少了用水量及后续废水产生量，提高了工作效率。

　　三体系熔炼产物浸出渣 XRD 图谱如图 5-5 所示，由图可知，三体系熔炼产物浸出渣几乎为单一的 CuO，两性金属残留量较少，在 XRD 图上未能显现。此浸出渣可通过简单的酸性浸出实现其中 Cu 的回收提取。

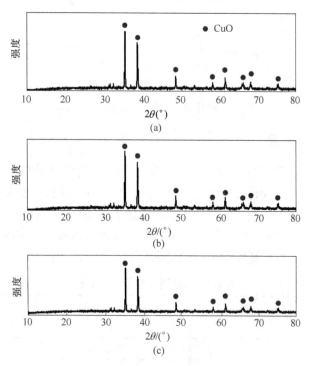

图 5-5　熔炼产物浸出渣 XRD 图
（a）NaOH-NaNO$_3$ 体系熔炼产物；（b）Na$_2$CO$_3$-NaOH-NaNO$_3$ 体系熔炼产物；
（c）NaOH-空气-NaNO$_3$ 体系熔炼产物

5.3　熔炼产物浸出过程分形动力学研究

5.3.1　分形理论介绍

　　经典欧氏几何对冶金过程动力学进行研究时，一般将反应界面视为平面或曲面，即将表面视为二维面。在完整晶体的表面、不混溶的两液体间界面等某些特定情况下，这样的近似基本可表达真实情况，但在更多情况下，这种做法与实际并不相符，如破碎颗粒表面、晶体生长过程表面、材料断裂面等，都呈现出众多的孔隙、凹凸、皱褶、缺陷等极其复杂、不规则且处处不可微的几何特征[165,166]。经典欧氏几何对这类表面无能为力，并把这类无法处理或描述的复杂形貌归为"病态几何"，而分形几何恰恰为此类复杂表面的处理提供了新的途径和思路[167,168]。

分形（fractal）是 1975 年由数学家 Benoit B. Mandelbrot 首先提出来的，其建立是基于自然界及人工合成的固体颗粒都具有统计学意义上的自相似性，即采用不同大小的标度做测量时，几何体形状相同，因此，可用局部性质代替整体性质[169,170]。在冶金领域中，已有学者将分形理论用于矿物溶解与浸出[171,172]、晶体生长[173~176]等过程机理的研究。

研究所用 NaOH-空气-NaNO₃ 体系熔炼过程中涉及气、液、固等多相界面反应，所得熔炼产物中可能存在大量的微空隙，破碎后所得颗粒表面凹凸不平，属于经典欧氏几何无法准确描述的"病态几何"范围。

5.3.2 分形动力学模型推导

收缩核模型是冶金过程中最常用的动力学模型之一，广泛应用于湿法浸出过程动力学的研究[177~179]。根据经典收缩核模型的基本原则，固体颗粒为类球形，反应界面向颗粒中心收缩速率处处相等，气/液等流态相浓度在反应过程中保持恒定，流固反应可能受到化学反应控制、外扩散控制和内扩散控制。分形修正过程中将继承这些假设与概念。

分形维 D 是分形几何中最重要的参数，用于定量表征不规则程度。Mandelbrot 推导了严格的分形面积-体积关系，但对于普通冶金过程中非中微孔隙表面物料，其面积-体积关系可按以下方法简化计算[180]。

假设将一层热化学半径为 ε 的小球铺满半径为 r 的圆，需要 N 个小球，根据分形维数的定义，该圆的分形维为：

$$D = \ln N / \ln\left(\frac{r}{\varepsilon}\right) \tag{5-1}$$

则

$$N = \left(\frac{r}{\varepsilon}\right)^{D} \tag{5-2}$$

球体表面积为相同半径圆面积的 4 倍，即需要 $4N$ 个小球才能铺满半径、分形维数分别为 r 和 D 的球面。类球形固体颗粒表面积可近似为：

$$S = 4N\pi\varepsilon^{2} = 4\pi\varepsilon^{2}\left(\frac{r}{\varepsilon}\right)^{D} = 4\pi\varepsilon^{2-D}r^{D} \tag{5-3}$$

设流态相与固体颗粒发生如下液固反应：

$$A(f) + bB(s) \longrightarrow cC(f) + dD(s) \tag{5-4}$$

5.3.2.1 化学反应控制模型

对于受到化学反应控制的反应，固态反应物 B 的消耗速率与收缩核表面积 S

成正比，而与固态产物层的存在与否无关，则对于 n 级反应而言：

$$-\frac{\mathrm{d}m}{\mathrm{d}t} = kSc_0^n \tag{5-5}$$

式中，k 为反应速率常数；c_0 为流态相浓度；m 为固体颗粒质量；t 为反应时间。

将式（5-3）代入，可得：

$$-\frac{\mathrm{d}\left(\frac{4}{3}\pi r^3 \rho\right)}{\mathrm{d}t} = k4\pi\varepsilon^{2-D}r^D c_0^n \tag{5-6}$$

$$-r^{2-D}\mathrm{d}r = \frac{kc_0^n\varepsilon^{2-D}}{\rho}\mathrm{d}t \tag{5-7}$$

两侧积分得：

$$-\int_{r_0}^{r} r^{2-D}\mathrm{d}r = \frac{kc_0^n\varepsilon^{2-D}}{\rho}\int_0^t \mathrm{d}t \tag{5-8}$$

$$\frac{r_0^{3-D} - r^{3-D}}{3-D} = \frac{kc_0^n\varepsilon^{2-D}}{\rho}t \tag{5-9}$$

$$\frac{r_0^{3-D}\varepsilon^{D-2}}{3-D}\left[1 - \left(\frac{r}{r_0}\right)^{3-D}\right] = \frac{kc_0^n}{\rho}t \tag{5-10}$$

反应分数为：

$$R = \frac{m_0 - m}{m_0} = 1 - \left(\frac{r}{r_0}\right)^3 \tag{5-11}$$

则

$$\frac{r_0^{3-D}\varepsilon^{D-2}}{3-D}\left[1 - (1-R)^{(3-D)/3}\right] = \frac{kc_0^n}{\rho}t \tag{5-12}$$

在某一特定反应中，r_0、ε、k、c_0、n、D、ρ 等均为定值，则反应程度 R 与反应时间 t 之间的关系可简化为：

$$1 - (1-R)^{(3-D)/3} = K_1 t \tag{5-13}$$

$D = 2$ 时，式（5-13）还原为经典收缩核化学反应控制模型：

$$1 - (1-R)^{1/3} = K_1 t \tag{5-14}$$

5.3.2.2　外扩散控制模型

反应受到外扩散控制，即反应的控制步骤是流态 A 在固体颗粒表面边界层内的扩散，在边界层内外两侧 A 的浓度分别为原浓度 0 和 c_0，流态 A 的消耗速率为：

$$J = \frac{SD_1(c_0 - 0)}{\delta} = \frac{SD_1 c_0}{\delta} \tag{5-15}$$

式中，D_1 为液相中的传质系数；δ 为边界层厚度。

固态反应物 B 的消耗速率为：

$$-\frac{\mathrm{d}m}{\mathrm{d}t} = bJ = b\frac{SD_1 c_0}{\delta} \tag{5-16}$$

A　有固态产物层生成

对于有固态产物层生成的反应，假设固态产物层和未反应核一起构成的颗粒半径在反应过程中保持不变，$r = r_0$，$S = 4\pi\varepsilon^{2-D}r_0^D$，同时，边界层厚度 δ 也为常量。

$$-\frac{dm}{dt} = b\frac{SD_1c_0}{\delta} = b\frac{4\pi\varepsilon^{2-D}r_0^D D_1 c_0}{\delta} = k' = 常数 \tag{5-17}$$

$$-\int_{m_0}^m dm = k'\int_0^t dt \tag{5-18}$$

$$m_0 - m = k't \tag{5-19}$$

$$R = \frac{m_0 - m}{m_0} = \frac{k'}{m_0}t = b\frac{4\pi\varepsilon^{2-D}r_0^D D_1 c_0}{\delta\frac{4}{3}\pi r_0^3\rho}t = \frac{3b\varepsilon^{2-D}r_0^{D-3}D_1 c_0}{\delta\rho}t \tag{5-20}$$

由此可见，在有固态产物层生成的外扩散控制反应中，反应程度 R 与反应时间 t 呈简单的直线关系，$R = K_2 t$。

B　无固态产物层生成

无固态产物层生成的反应，其界面不断向固体颗粒内部收缩，反应界面面积为：

$$S = 4\pi\varepsilon^{2-D}r^D \tag{5-21}$$

边界层厚度 δ 与 r 成正比，设

$$\delta = Kr \tag{5-22}$$

式中，K 为无因次常数。

$$-\frac{dm}{dt} = -\frac{d\left(\frac{4}{3}\pi r^3\rho\right)}{dt} = b\frac{SD_1c_0}{\delta} = b\frac{4\pi\varepsilon^{2-D}r^D D_1 c_0}{Kr} \tag{5-23}$$

两侧积分有：

$$-\rho K\int_{r_0}^r r^{3-D}dr = \varepsilon^{2-D}bD_1 c_0\int_0^t dt \tag{5-24}$$

$$\frac{\rho K}{4-D}(r_0^{4-D} - r^{4-D}) = \varepsilon^{2-D}bD_1 c_0 t \tag{5-25}$$

$$\frac{r_0^{4-D}\varepsilon^{D-2}}{4-D}\left[1 - (1-R)^{\frac{4-D}{3}}\right] = \frac{bD_1 c_0}{\rho K}t \tag{5-26}$$

对于特定反应，r_0、ε、D_1、c_0、K、D、b、ρ 等均为定值，则反应程度 R 与反应时间 t 之间的关系可简化为：

$$1 - (1-R)^{\frac{4-D}{3}} = K_2' t \tag{5-27}$$

$D = 2$ 时，式（5-27）还原为经典收缩核外扩散控制模型：

$$1 - (1-R)^{\frac{2}{3}} = K_2' t \tag{5-28}$$

5.3.2.3 内扩散控制模型

反应受到内扩散控制，即反应的控制步骤是流态 A 在固体颗粒内的扩散，在固体颗粒表面与反应界面处 A 的浓度分别为原浓度 c_0 和 0，假设流态相通过固体产物层的扩散速率为常数 J：

$$J = \frac{SD_2 \mathrm{d}c}{\mathrm{d}r} = \frac{4\pi\varepsilon^{2-D}r^D D_2 \mathrm{d}c}{\mathrm{d}r} \tag{5-29}$$

式中，D_2 为固相中的传质系数。

两侧积分：

$$\int_{c_0}^{0} \mathrm{d}c = \frac{J\varepsilon^{D-2}}{4\pi D_2} \int_{r_0}^{r} r^{-D} \mathrm{d}r \tag{5-30}$$

$$c_0 = \frac{J\varepsilon^{D-2}}{4\pi D_2 (1-D)} (r_0^{1-D} - r^{1-D}) \tag{5-31}$$

则流态相扩散速率为：

$$J = \frac{c_0 \varepsilon^{2-D} 4\pi D_2 (1-D)}{r_0^{1-D} - r^{1-D}} \tag{5-32}$$

固体颗粒消耗速率为：

$$-\frac{\mathrm{d}m}{\mathrm{d}t} = -\frac{\mathrm{d}\left(\frac{4}{3}\pi r^3 \rho\right)}{\mathrm{d}t} = -\frac{4\pi r^2 \mathrm{d}r}{\mathrm{d}t}\rho \tag{5-33}$$

则

$$-\frac{4\pi r^2 \mathrm{d}r}{\mathrm{d}t}\rho = b\frac{c_0 \varepsilon^{2-D} 4\pi D_2 (1-D)}{r_0^{1-D} - r^{1-D}} \tag{5-34}$$

整理得：

$$\rho r^2 (r_0^{1-D} - r^{1-D}) \mathrm{d}r = bc_0 \varepsilon^{2-D} D_2 (D-1) \mathrm{d}t \tag{5-35}$$

两侧积分：

$$\rho \int_{r_0}^{r} r^2 (r_0^{1-D} - r^{1-D}) \mathrm{d}r = bc_0 \varepsilon^{2-D} D_2 (D-1) \int_0^t \mathrm{d}t \tag{5-36}$$

$$\rho \left(\frac{r^3 r_0^{1-D} - r_0^{4-D}}{3} - \frac{r^{4-D} - r_0^{4-D}}{4-D}\right) = bc_0 \varepsilon^{2-D} D_2 (D-1) t \tag{5-37}$$

$$\rho r_0^{4-D}\left[\frac{3 - 3(1-R)^{\frac{4-D}{3}} - (4-D)R}{3(4-D)}\right] = bc_0 \varepsilon^{2-D} D_2 (D-1) t \tag{5-38}$$

$$\frac{1}{4-D} - \frac{1}{4-D}(1-R)^{\frac{4-D}{3}} - \frac{1}{3}R = \frac{bc_0 \varepsilon^{2-D} D_2 (D-1)}{\rho r_0^{4-D}}t \tag{5-39}$$

对于特定反应，r_0、ε、D_2、c_0、D、b、ρ 等均为定值，则反应程度 R 与反应时间 t 之间的关系可简化为：

$$1 - (1-R)^{\frac{4-D}{3}} - \frac{4-D}{3}R = K_3 t \tag{5-40}$$

$D=2$ 时，式（5-40）还原为经典收缩核内扩散控制模型：

$$1 - (1 - R)^{\frac{2}{3}} - \frac{2}{3}R = K_3 t \qquad (5\text{-}41)$$

综上所述,对于理想光滑球形颗粒($D=2$),3种不同条件下的分形收缩核模型与经典二维收缩核模型完全一致,说明经典模型是分形模型的一个特例,分形模型比经典模型具有更加广泛的应用意义。

5.3.3 熔炼产物分形维计算

取 NaOH-空气-NaNO$_3$ 体系最佳熔炼条件下获得的熔炼产物破碎颗粒进行 SEM 检测,结果如图5-6所示。由图可知,此颗粒为类球形,表面凹凸不平,符合分形收缩核模型的使用范围。

图5-6 熔炼产物颗粒 SEM 图

将该颗粒表面放大,取其中 512×512 像素区域(见图5-7(a)中白框内部分),采用盒子算法计算分形维数,计算过程利用 Matlab 软件进行图片二值化(见图5-7(b))及矩阵统计(见图5-7(c)),主要计算过程及程序语言如下:

(1)图片二值化。

I = imread('C:\Documents and Settings\Administrator\desktop\1. bmp');% 以矩阵形式读取图片

imshow(I);

thresh = graythresh(I);

I2 = im2bw(I,thresh);

imshow(I2)

(2)将图片以0、1矩阵形式表示。

x = dec2bin('C:\Documents and Settings\Administrator\desktop\1. bmp');% 保存新图片

（3）盒子分维数计算。

```
x = imread('C:\Documents and Settings\Administrator\desktop\2. bmp');
[M,N] = size(x);
x = double(x);
G = double(max(x(:)));;
maxOFS = floor(M/2);
NrNum = 1;
Rulers = [2:1:128];
for s = Rulers
    Nr(NrNum) = 0;
    ss = G/(M/s);
    maxOFScanning = floor(M/s);
    for i = 1:maxOFScanning
      for j = 1:maxOFScanning
        smallPatch = x((i-1)*s+[1:s],(j-1)*s+[1:s]);
        n_r = max(smallPatch(:))/ss-min(smallPatch(:))/ss+1;
        Nr(NrNum) = Nr(NrNum) + n_r;
      end
    end
    NrNum = NrNum + 1;
  end
  R = M./Rulers;
  [p,s] = polyfit(log(R),log(Nr),1);
  plot(log(R),log(Nr),'+',log(R),p(2));
end
```

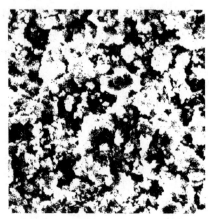

(a)　　　　　　　　　　　　　　　　　　　　　(b)

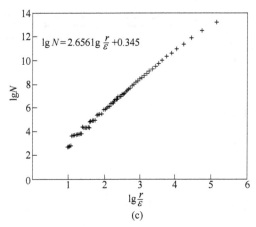

$$\lg N = 2.6561 \text{g} \frac{r}{\varepsilon} + 0.345$$

(c)

图 5-7 颗粒分形维数计算过程

（a）颗粒放大；（b）图像二值化；（c）矩阵统计

由图 5-7（c）可知，该熔炼产物颗粒分形维数 $D = 2.656$。研究中，熔炼产物的浸出过程主要为两性金属钠盐的溶解过程，可能包含部分未完全转化的金属氧化物与碱性溶液间的继续反应，但浸出过程中不会生成固态物质，即不存在固态产物层，因此反应程度 R 与反应时间 t 呈简单直线关系的情况可不予考虑。

将分形维数 $D = 2.656$ 代入式（5-13）、式（5-27）、式（5-40）可得待拟合模型，见表 5-2。

表 5-2 分形修正模型与经典收缩核模型

模 型	分形收缩核模型	经典收缩核模型
化学反应控制	$1 - (1 - R)^{\frac{0.344}{3}} \propto t$	$1 - (1 - R)^{\frac{1}{3}} \propto t$
外扩散控制 （无固态产物层）	$1 - (1 - R)^{\frac{1.344}{3}} \propto t$	$1 - (1 - R)^{\frac{2}{3}} \propto t$
内扩散控制	$1 - (1 - R)^{\frac{1.344}{3}} - \frac{1.344}{3}R \propto t$	$1 - (1 - R)^{\frac{2}{3}} - \frac{2}{3}R \propto t$

5.3.4 浸出过程动力学研究

配制 1mol/L NaOH 溶液 2L，400r/min 机械搅拌条件下 25℃ 恒温水浴，加入 100g 熔炼产物颗粒，对浸出过程金属浸出率变化情况进行实验研究，结果如图 5-8 所示。

由图 5-8 可知，各金属在溶液中的浸出速率存在明显差异：Al、Zn 浸出速率较快，其浸出率在 0 ~ 10min 内急速上升，之后基本维持稳定；Pb、Sn 浸出率在 0 ~ 20min 快速增长，20 ~ 40min 有小幅度的上升，之后处于平衡状态；少量 Cu 在碱性溶液中溶出，且 10min 左右浸出率达到平衡。该动力学曲线符合典型多相液固区域反应动力学曲线特征[181]。取其中具有代表性且在 CME 粉末中质量分数

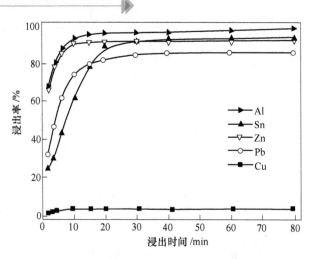

图 5-8 25℃下时间对金属浸出率的影响

相对较大的 Sn、Pb 在 0~20min 浸出率数据进行动力学拟合，如图 5-9 所示，依次对比分形收缩核模型与经典收缩核模型中化学反应控制模型（见图 5-9（a）、（b））、外扩散控制模型（见图 5-9（c）、（d））和内扩散控制模型（见图 5-9（e）、（f））对本浸出过程的拟合度。

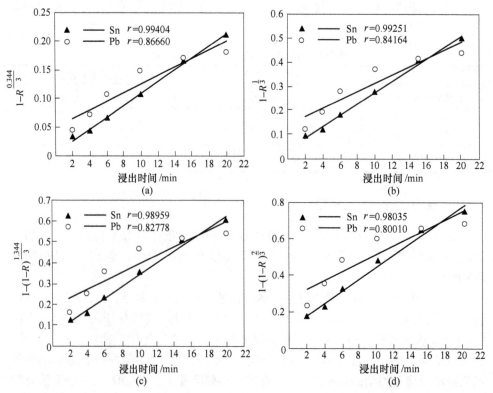

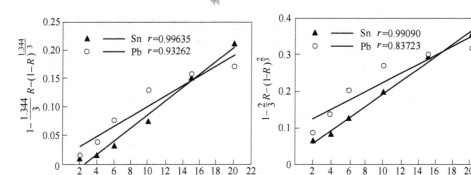

图 5-9 分形模型与经典模型对 Pb、Sn 25℃浸出过程动力学的拟合

（a）分形化学控制模型；（b）经典化学控制模型；（c）分形外扩散控制模型；
（d）经典外扩散控制模型；（e）分形内扩散控制模型；（f）经典内扩散控制模型

由图 5-9 可知，对于 3 种控制方式的比较而言，分形收缩核模型和经典收缩核模型均表明，该浸出过程受内扩散控制，而对于两模型对其中某一种控制方式的拟合而言，分形模型较经典收缩核模型拟合度更高。因此，可判断 25℃条件下的浸出过程更加符合修正后的内扩散控制收缩核模型。

在此基础上，研究 0℃（冰水浴）、40℃、50℃、75℃各温度条件下时间对有价金属浸出行为的影响，实验结果如图 5-10~图 5-13 所示。

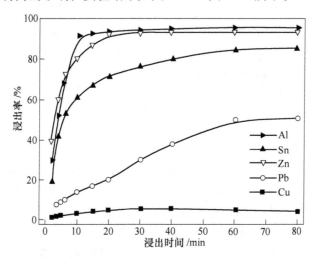

图 5-10 0℃下时间对金属浸出率的影响

对比图 5-8、图 5-10~图 5-13 可知，随着浸出温度的升高，溶液中传质速度加快，反应达到平衡所需时间缩短，在 0℃条件下，Al、Zn 浸出率在 20min 左右达到最高值，Sn、Pb 的浸出过程在 60min 左右完成。在 40℃时，Al、Zn 的浸出

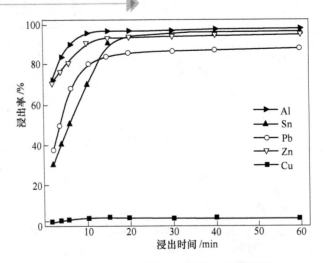

图 5-11   40℃下时间对金属浸出率的影响

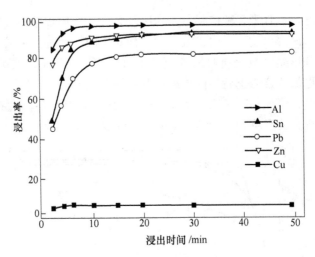

图 5-12   50℃下时间对金属浸出率的影响

过程在 10min 之内完成，Sn、Pb 的浸出过程需 15min 左右完成。而在 50℃、75℃时，各金属浸出率在 10min 后的升高幅度均较小或不明显。浸出温度的升高在提高反应速率的同时，提高了反应平衡常数，各金属平衡态的浸出率随温度的升高逐渐升高，此影响对于 Pb 的浸出过程较为明显。

采用分形收缩核模型对 Pb、Sn 在 0℃下 2~60min，40℃下 2~15min、50℃下 2~10min，75℃下 2~15min 各浸出率数据进行拟合。由于实验过程中对浸出体系进行了快速搅拌，可有效消除固体颗粒表面边界层，反应过程受外扩散控制的几率极低[182]，图 5-9 也表明外扩散控制模型对实验数据的拟合效果最差，研究中不再考虑外扩散控制模型。拟合结果如图 5-14 ~ 图 5-17 所示。

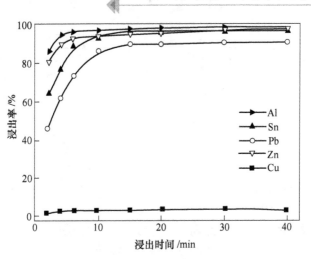

图 5-13 75℃下时间对金属浸出率的影响

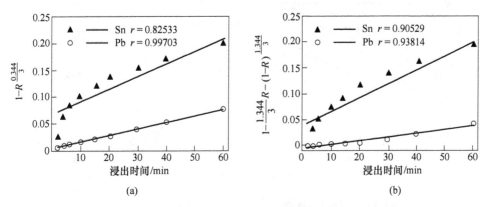

图 5-14 分形模型对 Pb、Sn 在 0℃下浸出过程动力学的拟合

（a）化学反应控制；（b）内扩散控制

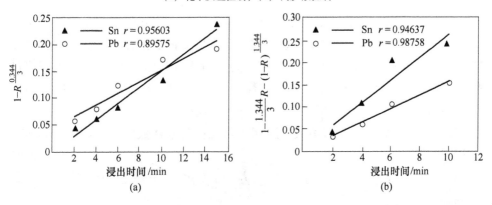

图 5-15 分形模型对 Pb、Sn 在 40℃下浸出过程动力学的拟合

（a）化学反应控制；（b）内扩散控制

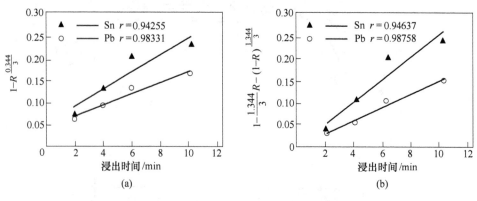

图 5-16 分形模型对 Pb、Sn 在 50℃下浸出过程动力学的拟合

（a）化学反应控制；（b）内扩散控制

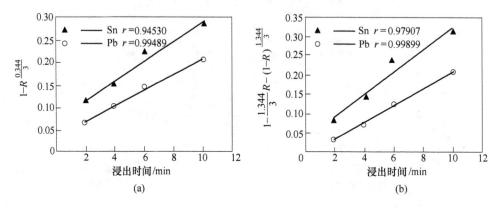

图 5-17 分形模型对 Pb、Sn 在 75℃下浸出过程动力学的拟合

（a）化学反应控制；（b）内扩散控制

由图 5-14～图 5-17 可知，Pb 在 0℃时的浸出过程受化学反应控制，在 40～75℃受内扩散控制，Sn 的浸出过程在实验范围内受内扩散控制，造成这种差异的原因是两者在浸出过程中的反应历程不同，Sn 熔炼产物为 Na_2SnO_3，在浸出过程中溶解于水溶液中，而 Pb 的浸出过程较为复杂，其转化产物 Na_2PbO_3 在浸出过程中被还原，最终以 PbO_2^{2-} 形态溶解于碱性溶液中。

反应速率常数是温度的函数，温度 T 对反应速率常数的影响可用 Arrhenius 公式表示：

$$\ln k = -\frac{E}{RT} + \ln A \tag{5-42}$$

式中，k 为反应速率常数，即以上各模型拟合所得直线斜率，具体数值见表 5-3；E 为表观活化能；R 为摩尔气体常数；T 为反应温度。

表 5-3 不同温度下分形内扩散控制拟合直线斜率

温度/℃	k_{Sn}	k_{Pb}
0	0.00310	—
25	0.01183	0.00896
40	0.01817	0.01331
50	0.02554	0.01553
75	0.02880	0.02190

将不同温度下 $\ln k$ 与 $1/T$ 作图，如图 5-18 所示，拟合所得 Sn、Pb 回归方程分别为：

$$Y_{Sn} = -2.92342X + 5.17013 \tag{5-43}$$

$$Y_{Pb} = -1.82258X + 1.44693 \tag{5-44}$$

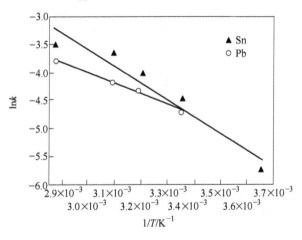

图 5-18 $\ln k$ 与 $1/T$ 拟合

根据 Arrhenius 公式可求得表观活化能分别为：$E_{Sn} = 24.31 \text{kJ/mol}$，$E_{Pb} = 15.15 \text{kJ/mol}$。由于元素本身性质差异，温度对 Sn、Pb 浸出速率的影响程度不一致，通过两金属计算所得表观活化能有一定的差异，但均处于一般内扩散控制表观活化能 8~30kJ/mol 范围[116]。

同时，根据图 5-18 中直线在纵坐标上的截距可获得 Sn、Pb 浸出过程速率常数 k_{Sn}、k_{Pb} 与 T 的函数关系：

$$k_{Sn} = 175.94 \times \exp(-2.92 \times 10^3/T) \tag{5-45}$$

$$k_{Pb} = 4.25 \times \exp(-1.82 \times 10^3/T) \tag{5-46}$$

反应速率常数的温度系数是指温度每升高 10℃，反应速率常数增加的倍数，对于扩散控制过程，反应速率常数的温度系数一般为 1.0~1.6；对于化学反应控制过程，反应速率常数的温度系数一般为 2[183,184]。由式（5-45）、式（5-46）可计算 Sn 在 0 ~ 75℃浸出过程速率常数温度系数为 1.28 ~ 1.48，Pb 在 25 ~ 75℃浸出过程速率常数温度系数为 1.17 ~ 1.24，再次支持了此过程属于内扩散控制的判断。

因此，减小熔炼产物颗粒粒度是提升 Sn、Pb 浸出效率的有效措施，另外通过加入反应剂（如催化剂或浸润剂等）改变固膜物化性质也可能提高 Sn、Pb 浸出效率。

6 浸出产物中有价金属的分离提取

6.1 引言

通过碱性熔炼过程，CME 粉末中的两性金属被转化为可溶性盐，在水浸出工艺中，转化所得盐与未完全反应的 NaOH、NaNO₃等碱性介质共同溶解于水溶液中，形成含两性金属的高碱溶液，同时少量 Cu 溶于此碱性溶液中，而绝大部分 Cu 以 CuO 形式富集于渣中。

在对有价金属存在形态进行理论分析的基础上，研究设计了"葡萄糖脱铜—石灰沉锡—硫化钠沉铅锌"工艺从强碱性溶液中分步提取 Sn、Pb、Zn 等有价金属，本章对该工艺工程进行系统研究，考察各提取步骤中反应温度、反应时间以及沉淀剂加入量等因素对金属分离提取效果的影响，确定优化工艺条件，对溶液中过量的 NaOH、NaNO₃等熔炼介质的循环利用效果进行探索，对 Al 的富集与回收进行探索。针对碱性浸出渣中的 Cu，采用稀酸浸出后冷却结晶的方法进行回收。

6.2 高碱浸出液的处理

6.2.1 浸出液成分分析

以 NaOH-空气-NaNO₃体系优化熔炼条件、优化浸出条件下处理 CME 粉末所得碱性浸出液为基本研究对象，浸出液成分见表 6-1。

表 6-1 碱性浸出液组成

成　分	Sn	Al	Pb	Zn	Cu	NaOH	NaNO₃
浓度/g·L⁻¹	5.87	4.11	3.69	1.85	0.98	173.10	46.78

6.2.2 铜脱除工艺研究

菲林法是一种用菲林试剂（新配制的氢氧化铜碱性溶液）检验并测定溶液中还原糖的常用方法，其基本原理是利用还原糖中的醛基还原菲林试剂中的 $Cu(OH)_4^{2-}$，使之形成砖红色 Cu_2O 沉淀。已有研究基于该原理，利用液相还原法制备微米级/亚微米级 Cu_2O 粉体材料，并进一步还原制备 Cu 粉，但这些方法所用原料均为高纯化工产品[185]，且 Cu_2O 二次还原过程多采用水合肼液相还原、甲醛液相还原、氢气高温还原[186]或在酸溶过程中使 Cu_2O 发生歧化反应[187]等方式以制得 Cu 粉，过程较复杂。研究所得含铜碱性溶液可看做一种含有高浓度金属杂质的复杂菲林试剂，以常见还原糖葡萄糖为还原剂对该碱性溶液中的铜进行脱除探索研究。

在相关探索实验和理论分析基础上，对高碱溶液中铜的沉淀分离过程中 3 个主要因素葡萄糖用量、反应温度、反应时间对铜脱除效率的影响进行考察，每个因素取 3 个水平做实验，因素与水平表见表 6-2。不考虑各因素之间的相互作用，选择 $L_9(3^4)$ 正交实验设计表，实验的设计见表 6-3。其他实验条件为：高碱溶液 200mL，搅拌速度 300r/min。所得实验结果见表 6-4。

表 6-2 因素与水平表

水 平	因 素		
	A	B	C
	葡萄糖用量/g	反应温度/℃	反应时间/min
1	3 倍理论量（1.87）	30	30
2	5 倍理论量（3.12）	50	60
3	7 倍理论量（4.37）	70	90

注：葡萄糖理论用量按式（3-31）计算，0.62g。

表 6-3 正交设计表 [$L_9(3^4)$]

序号	A	B	C
	葡萄糖用量/g	反应温度/℃	反应时间/min
1	1（1.87）	1（30）	1（30）
2	1（1.87）	2（50）	2（60）
3	1（1.87）	3（70）	3（90）
4	2（3.12）	1（30）	2（60）
5	2（3.12）	2（50）	3（90）
6	2（3.12）	3（70）	1（30）
7	3（4.37）	1（30）	3（90）
8	3（4.37）	2（50）	1（30）
9	3（4.37）	3（70）	2（60）

表 6-4 正交实验结果 （%）

序号	实 验 结 果				
	Cu 脱除率	Sn 沉淀率	Pb 沉淀率	Al 沉淀率	Zn 沉淀率
1	3.85	6.87	0.00	9.64	6.25
2	96.92	11.45	2.86	2.41	3.13
3	76.92	5.34	0.00	0.00	0.00

续表 6-4

序号	实 验 结 果				
	Cu 脱除率	Sn 沉淀率	Pb 沉淀率	Al 沉淀率	Zn 沉淀率
4	50.00	9.16	2.86	6.02	6.25
5	80.77	1.53	5.71	4.82	0.00
6	84.62	3.82	2.86	6.02	3.13
7	84.62	1.53	2.86	4.82	3.13
8	97.31	13.74	2.86	4.82	6.25
9	92.31	8.40	5.71	6.02	6.25

由表 6-4 可知，通过添加葡萄糖，CME 粉末熔炼产物浸出液中的低浓度 Cu 可被有效开路，而浓度较高的 Sn、Pb、Zn、Al 等两性金属沉淀率较低，即该方法可实现 Cu 的选择性分离。其中 2 号、8 号、9 号实验中，Cu 的脱除率均高于 90%，但少量 Sn、Zn 等两性金属也会因机械夹杂等原因而同时被沉淀，3 号实验中，Cu 脱除率为 76.92%，但仅 5.34% 的 Sn 被沉淀，Pb、Zn、Al 等金属沉淀率为 0，该实验点具有较高的选择性。

采用极差分析法对正交实验结果进行分析，方法与 4.3.2 节相似，但由于本设计中所用正交表为均匀正交表，各因素水平数相同，极差 R 无需修正，其值越高说明对应因素对响应值影响越显著，分析结果见表 6-5。

表 6-5　正交实验均值与极差分析

元　素	A 葡萄糖用量				B 反应温度				C 反应时间			
	1	2	3	R	1	2	3	R	1	2	3	R
Cu	59.23	71.79	91.41	32.18	46.15	91.67	84.62	45.51	61.92	79.74	80.77	18.85
Sn	7.89	4.83	7.89	3.05	5.85	8.91	5.85	3.05	8.14	9.67	2.80	6.87
Pb	0.95	3.81	3.81	2.86	1.90	3.81	2.86	1.90	1.90	3.81	2.86	1.90
Al	4.02	5.62	5.22	1.61	6.83	4.02	4.02	2.81	6.83	4.82	3.21	3.61
Zn	3.13	3.13	5.21	2.08	5.21	3.13	3.13	2.08	5.21	5.21	1.04	4.17

由表 6-5 可知，三因素对铜脱除率的影响显著性顺序为反应温度 > 葡萄糖用量 > 反应时间，最利于 Cu 脱除的条件是 B2A3C3，即反应温度为 50℃，葡萄糖用量为理论量的 7 倍，反应时间为 90min。在 Cu 被脱除的同时，Sn、Pb、Al、Zn 等两性金属也有一定量的沉淀，此沉淀率应当尽可能低，避免有价金属的分散。由表 6-5 可知，最不利于 Sn 沉淀的条件为 C3A2B1/B3，即反应时间为 90min，葡萄糖用量为理论量的 5 倍，反应温度为 30℃或 70℃；最不利于 Pb 沉淀的条件为 A1B1C1，即葡萄糖用量为理论量的 3 倍，反应温度为 30℃，反应时间为 30min；最不利于 Al 沉淀的条件为 C3B2/B3A1，即反应时间为 90min，反应温度为 50℃或 70℃，葡萄糖用量为理论量的 3 倍；最不利于 Zn 沉淀的条件为

C3A1/A2B2/B3，即反应时间为90min，葡萄糖用量为理论量的3倍或5倍，反应温度为50℃或70℃。

综合表6-4和表6-5分析结果，绘制正交实验中葡萄糖用量、反应温度、反应时间等3个因素对Cu脱除率及Sn、Pb、Al、Zn沉淀率的影响趋势图，如图6-1所示，更直观地展示了三因素对金属沉淀效果的影响。

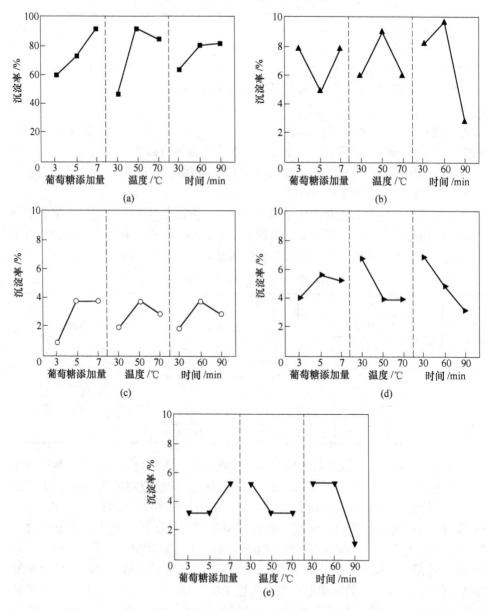

图6-1　因素水平趋势图

(a) Cu；(b) Sn；(c) Pb；(d) Al；(e) Zn

此外,实验过程中发现30℃条件下脱铜产物为砖红色,而50℃、70℃条件下所得产物为紫红色,且此颜色变化与葡萄糖用量及反应时间无直接关系,对1号、2号、3号实验所得沉淀粉末进行 XRD 检测,结果如图6-2所示。由图可知,30℃条件下,还原产物为 Cu_2O,50℃还原产物主要为单质 Cu,但含有少量 Cu_2O,70℃条件下还原产物则基本为单一的单质 Cu。

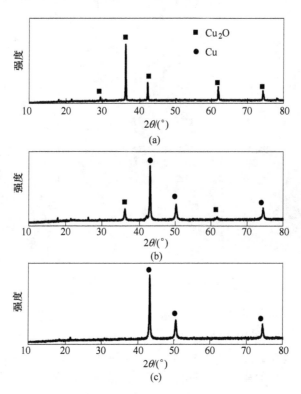

图6-2 正交实验沉淀物 XRD 图
(a) 30℃;(b) 50℃;(c) 70℃

对各沉淀产物进行进一步的 SEM 检测,结果如图6-3所示。由图可看出,30℃条件(实验1号、4号、7号)下所得产物为极为规整且分散性良好的八面体颗粒,且随着葡萄糖加入量的增多,粒径逐渐减小,而50℃(实验2号、5号、8号)、70℃(实验3号、6号、9号)条件下所得产物呈类球形,粒径在 $0.5\mu m$ 左右,且颗粒间出现了较为明显的团聚现象,反应时间对粉体形貌的影响不显著。

综合各金属沉淀情况及沉淀产物物相、形貌特征,可推断葡萄糖对铜的羟基配合离子 $Cu(OH)_4^{2-}$ 还原过程可分为两个阶段:

$$Cu(OH)_4^{2-} \longrightarrow Cu_2O \longrightarrow Cu \qquad (6-1)$$

图 6-3 正交实验沉淀物 SEM 图

第一阶段中，具有还原性的葡萄糖的加入降低了溶液电位，$Cu(OH)_4^{2-}$ 被还原成 Cu_2O。研究中，采用固体葡萄糖一次加入的方式，而非传统液相还原法中正向滴加或反向滴加的方法，大大缩短了反应时间，Cu_2O 晶核的形成过程是爆发成的，晶核数量与葡萄糖加入量直接相关，该过程消耗大量溶质，反应物浓度大大降低，之后进入晶体生长过程中，吸附在 Cu_2O 不同晶面的 OH^- 浓度不同，OH^- 可增强 Cu_2O 晶核表面羟基化，加快 Cu^+ 向晶核表面的扩散沉淀，从而导致各晶面生长速度不同，使颗粒最终生长成为八面体[188,189]。部分两性金属因物理吸附或机械夹杂等原因与 Cu_2O 颗粒发生共沉淀，但随着反应时间的延长，这部分两性金属可重新溶解于碱性溶液中。

第二阶段中，葡萄糖对 Cu_2O 的二次还原过程主要受反应温度的影响，在适宜的温度条件下，溶液中过量的葡萄糖将 Cu_2O 继续还原为单质 Cu，其中夹杂的其他两性金属进一步被释放。Cu 粉继承了 Cu_2O 中间体的形貌特征，但由于反应过程中未添加分散剂，部分粉体间出现团聚现象。

综合考虑物料消耗、Cu 脱除率、两性金属沉淀情况等，选取葡萄糖加入量为理论量的 3 倍，反应温度 50℃，反应时间 90min 为优化的脱铜条件，在此条件下进行平行验证性实验，结果见表 6-6，Cu 平均脱除率为 97.90%，此条件下，两性金属沉淀率分别为 Sn 6.58%、Pb 2.37%、Al 2.20%、Zn 2.22%。所得产物为紫红色，形貌及物相分析如图 6-4 和图 6-5 所示。由图可知，该条件下所得沉淀为物相单一的类球形单质 Cu 粉，平均粒径 0.240μm。

表6-6　优化脱铜条件平行验证实验结果　　　　　　　　（%）

序　号	Cu 脱除率	Sn 沉淀率	Pb 沉淀率	Al 沉淀率	Zn 沉淀率
1	97.85	6.74	2.02	1.94	1.79
2	98.32	5.95	2.46	2.21	2.34
3	97.52	7.05	2.64	2.44	2.53
平均值	97.90	6.58	2.37	2.20	2.22

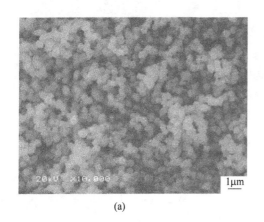

(a)

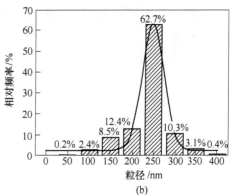

(b)

图 6-4　优化条件沉淀产物 SEM 检测

（a）SEM 图谱；（b）粒度分析

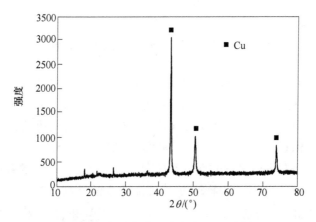

图 6-5　优化条件沉淀产物 XRD 分析

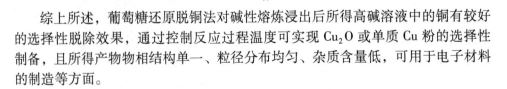

综上所述，葡萄糖还原脱铜法对碱性熔炼浸出后所得高碱溶液中的铜有较好的选择性脱除效果，通过控制反应过程温度可实现 Cu_2O 或单质 Cu 粉的选择性制备，且所得产物物相结构单一、粒径分布均匀、杂质含量低，可用于电子材料的制造等方面。

6.2.3　锡提取工艺研究

在优化脱铜条件下处理碱性浸出液，所得脱铜后液中 Sn 浓度为 5.52g/L，其他金属浓度分别为 Pb 3.61g/L，Zn 1.82g/L，Al 4.03g/L。$Ca(OH)_2$ 为微溶物，沉淀 Sn 的同时可尽量避免 Ca^{2+} 或其他杂质元素对体系的干扰，简化后续有价金属提取工艺。计算可得 $Ca(OH)_2$ 理论用量为 3.44g/L。

6.2.3.1　反应温度对各金属分离的影响

向 200mL 脱铜后液中加入两倍理论量的 $Ca(OH)_2$，即 1.38g，控制反应时间为 90min，搅拌速度为 300r/min，考察反应温度依次为 20℃、40℃、60℃、80℃、95℃时对各金属沉淀率的影响，实验结果如图 6-6 所示。

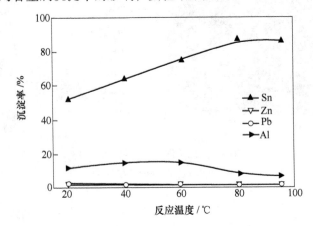

图 6-6　反应温度对各金属沉淀效果的影响

由图 6-6 可知，在 20~80℃范围内，Sn 沉淀率随温度的升高显著上升，而在 80℃以上时，基本保持稳定；Pb、Zn 沉淀率在实验范围内保持在 2% 以下，可忽略不计；在 20~60℃范围内时，12%~15% 的 Al 发生沉淀，温度变化对沉淀率影响不大，但在高温下，Al 沉淀率随温度的升高而降低。

反应温度的提高可以降低碱性溶液黏度，加速反应体系中的各项传质传热过程，强化化学反应的进行，因而 Sn 沉淀率随温度的升高而升高。$Ca(OH)_2$ 还可与溶液中的 $Al(OH)_4^-$ 反应形成多种 $mCaO \cdot nAl_2O_3$ 复杂氧化物[190,191]，从而造成部分 Al 的沉淀，其中，$3CaO \cdot Al_2O_3 \cdot 6H_2O$ 是溶液中较易形成的沉淀物之一，在强碱性溶液中，其溶解度与温度关系不大[192]，但在高温下，$3CaO \cdot Al_2O_3 \cdot 6H_2O$ 受热易分解，$Al(OH)_4^-$ 再次溶入溶液相，Al 沉淀率下降。此外，$Ca(OH)_2$ 溶解度随温度的升高而降低，20℃时，其在 100g 水中的溶解度为 0.173g，而 80℃时，在 100g 水中溶解度仅为 0.095g，同时强碱性溶液中大量 OH^- 的存在也会进一步减少 $Ca(OH)_2$ 的电离，降低溶液中 Ca^{2+} 浓度。

综合考虑，选取 80℃为适宜的沉锡温度，在此条件下，Sn 沉淀率为 87.53%，而其他两性金属也有一定量的沉淀，分别为 Al 8.12%，Pb 1.33%，Zn 1.06%，反应后液中 Ca^{2+} 浓度为 0.12g/L，对工艺体系影响较小。

6.2.3.2 反应时间对各金属分离的影响

在溶液体积 200mL，$Ca(OH)_2$ 加入量为两倍理论量，即 1.38g，反应温度 80℃，搅拌速度 300r/min 条件下，考察反应时间依次为 30min、60min、90min、120min、150min 时对各金属沉淀率的影响，实验结果如图 6-7 所示。

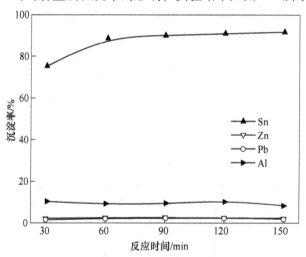

图6-7 反应时间对各金属沉淀效果的影响

由图 6-7 可以看出，反应时间对 Sn 的沉淀效果有一定影响，而对 Al、Pb、Zn 影响较小。在 30~60min 范围内，Sn 沉淀率随反应时间的延长而升高，60min 后 Sn 的沉淀反应达到平衡，沉淀率保持在 90% 左右，Al 的沉淀率在实验范围内在 9% 左右略有波动，而 Pb、Zn 沉淀率维持在 3% 以下，可认为几乎不沉淀。

选择 60min 为适宜的沉 Sn 反应时间，在此条件下，各金属沉淀率依次为 Sn 89.36%、Pb 2.48%、Zn 2.20%、Al 8.99%。

6.2.3.3 沉淀剂添加量对各金属分离的影响

在溶液体积 200mL，反应温度 80℃，反应时间 60min，搅拌速度 300r/min 条件下，考察 Ca(OH)$_2$ 加入量依次为理论量的 1.0 倍、1.5 倍、2.0 倍、2.5 倍、3.0 倍、3.5 倍时对各金属沉淀率的影响，其中 200mL 溶液所需 Ca(OH)$_2$ 理论量为 0.69g，实验结果如图 6-8 所示。

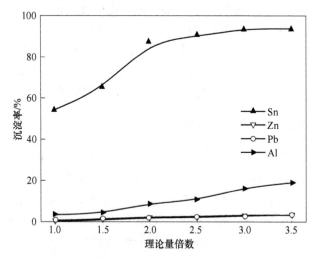

图 6-8　沉淀剂添加量对各金属沉淀效果的影响

　　由图 6-8 可知，随着 Ca(OH)$_2$ 的加入量增加，Sn 的沉淀率显著增加，在加入量为理论量的 3.0 倍处达到最高值 93.88%，同时，Al 的沉淀率随着 Ca(OH)$_2$ 加入量的增加也呈上升趋势，Ca(OH)$_2$ 加入量为理论量时，仅有 3.33% 的 Al 沉淀，而当 Ca(OH)$_2$ 加入量为理论量的 3 倍时，Al 沉淀率上升到 16.67%，且随 Ca(OH)$_2$ 加入量的增加仍继续上升。Ca(OH)$_2$ 加入量较少时，Pb、Zn 基本不沉淀，而随着 Ca(OH)$_2$ 加入量的增多，少量 Pb、Zn 因物理吸附或机械夹杂的方式被沉淀，但在实验范围内，沉淀率始终低于 3.5%。

　　研究所选用沉淀剂 Ca(OH)$_2$ 为微溶物，溶液中可直接参与反应的 Ca^{2+} 浓度较低，但 Ca(OH)$_2$ 加入量的增多可及时补充溶液中被消耗的 Ca^{2+}，促进沉淀反应的进行。NaOH 具有较强的碱性，其在熔融态或溶液中均由于与空气接触，而不可避免地与其中的 CO$_2$ 反应生成 Na$_2$CO$_3$，Ca(OH)$_2$ 的加入可将此部分 Na$_2$CO$_3$ 转化为 NaOH，提高溶液碱度，CaCO$_3$ 以沉淀形式被除去。同时悬浮于溶液中而未充分溶解的 Ca(OH)$_2$ 小颗粒可为 CaSn(OH)$_6$、CaCO$_3$ 的生成提供晶核，促使晶体长大及沉淀快速形成。由图 6-8 所示金属沉淀率可判断，沉淀物中还有 3CaO·Al$_2$O$_3$·6H$_2$O 等其他沉淀产物。通过对比 CaSn(OH)$_6$ 与 Ca(OH)$_2$、3CaO·Al$_2$O$_3$·6H$_2$O、CaCO$_3$ 等杂质物相的基本物理化学性质可知，这些杂质物相均可通过弱酸洗涤工序除去，对 CaSn(OH)$_6$ 产物纯度影响较小。

　　综合考虑 Sn、Al 在碱性溶液中的浓度及回收价值，选取理论量的 3.0 倍为适宜的 Ca(OH)$_2$ 加入量，此条件下，各金属沉淀率依次为 Sn 93.88%、Pb 3.29%、Zn 2.89%、Al 16.67%。

6.2.3.4 优化实验验证

通过以上系列单因素实验研究，得出了 Ca(OH)$_2$ 沉淀 Sn 的优化工艺条件：反应温度为 80℃，反应时间为 60min，Ca(OH)$_2$ 加入量为理论量的 3.0 倍。在此优化工艺条件下，进行平行验证实验，结果见表 6-7，Sn 平均沉淀率为 93.50%，而 Pb、Zn 共沉淀率仅为 3.05%、2.32%，Al 由于可与 Ca^{2+} 形成稳定的固态产物，沉淀率达到了 15.33%，成为沉淀产物中主要杂质元素之一。

表 6-7 优化沉锡条件平行验证实验结果　　　　　　　　（%）

序　号	Sn 沉淀率	Pb 沉淀率	Al 沉淀率	Zn 沉淀率
1	92.98	2.86	15.47	2.26
2	93.24	3.07	15.82	2.77
3	94.27	3.21	14.69	1.94
平均值	93.50	3.05	15.33	2.32

采用 0.5mol/L 稀盐酸对优化实验条件下所得沉淀产物进行常温洗涤，洗涤后产物 XRD 检测结果如图 6-9 所示。由图 6-9 可知，沉锡产物为物相单一、结晶性良好的 CaSn(OH)$_6$，采用 XRF 对其进行成分检测，结果见表 6-8。由表可知，该沉淀物组分接近 CaSn(OH)$_6$ 纯物质中元素含量，Na、Al 等杂质含量仅 3.44%。对该沉淀产物进行进一步的 SEM 检测，结果如图 6-10 所示，所得 CaSn(OH)$_6$ 为粒径较为均一的立方体，分散性良好。

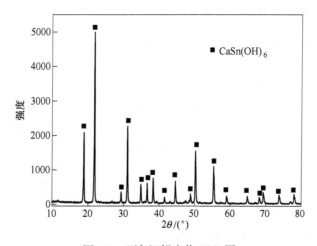

图 6-9 石灰沉锡产物 XRD 图

表 6-8　石灰沉锡产物 XRF 检测结果

元素	Sn	O	Ca	Na	Al	其他
含量/%	39.09	36.36	21.11	2.69	0.47	0.28

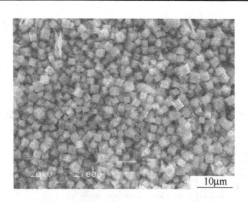

图 6-10　石灰沉锡产物 SEM 图

采用石灰沉淀法实现了碱性浸出液中 Sn 的高效分离提取，且该方法制备所得立方体 $CaSn(OH)_6$ 用途广泛，可作为碱性可充锌基电池电极添加剂，或经焙烧制得 $CaSnO_3$ 后用于相关元器件材料的制造或电池负极材料的制备，也可通过进一步酸化处理后制备 SnO_2。

6.2.4　铅锌提取工艺研究

在优化沉锡条件下处理脱铜后液，所得沉锡后液中 Pb、Zn、Al 浓度分别为 3.59g/L、1.81g/L、3.58g/L，计算可得 $Na_2S \cdot 9H_2O$ 理论用量为 10.82g/L。

6.2.4.1　反应温度对各金属分离的影响

向 200mL 沉锡后液中加入两倍理论量的 $Na_2S \cdot 9H_2O$，即 4.33g $Na_2S \cdot 9H_2O$，控制反应时间为 90min，搅拌速度为 300r/min，考察反应温度依次为 20℃、40℃、60℃、80℃、95℃时对各金属沉淀率的影响，实验结果如图 6-11 所示。

由图 6-11 可以看出，温度对硫化沉铅锌过程几乎没有影响，在 20~95℃ 的实验范围内，Pb、Zn 沉淀率始终高于 98%，可认为基本沉淀完全，而 Al 的沉淀率在实验范围内保持在 4% 左右，可认为 Al 在本过程中不发生沉淀。

因此，采用 $Na_2S \cdot 9H_2O$ 沉淀沉锡后液中 Pb、Zn 时，可不对反应温度进行特别控制。在本研究的后续实验中，为确保实验过程的一致性，选择 20℃ 为反应温度条件。

6.2.4.2　反应时间对各金属分离的影响

在溶液体积 200mL，$Na_2S \cdot 9H_2O$ 加入量为两倍理论量，即 4.33g，反应温度

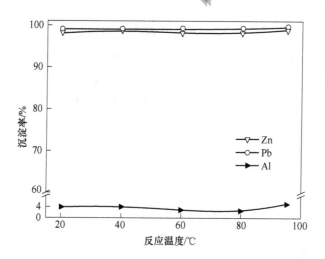

图 6-11 反应温度对各金属沉淀效果的影响

20℃，搅拌速度 300r/min 条件下，考察反应时间依次为 10min、15min、30min、60min、90min、120min 时对各金属沉淀率的影响，实验结果如图 6-12 所示。

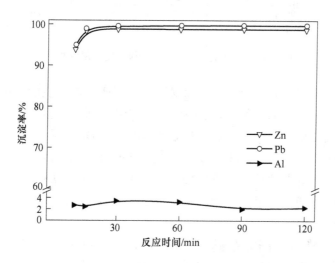

图 6-12 反应时间对各金属沉淀效果的影响

由图 6-12 可以看出，硫化沉铅锌是一个十分快速的反应过程，10min 时，Pb、Zn 沉淀率即可分别达到 94.89%、93.87%，而 15min 时沉淀率依次为 Pb 99.44%、Zn 98.84%，此后反应时间的继续延长对 Pb、Zn 沉淀率几乎没有影响。实验范围内，Al 的沉淀率始终低于 4%，可以认为不沉淀。

选择 15min 为适宜的 Pb、Zn 沉淀反应时间。

6.2.4.3　沉淀剂添加量对各金属分离的影响

在溶液体积 200mL，反应温度 20℃，反应时间 15min，搅拌速度 300r/min 条件下，考察 $Na_2S \cdot 9H_2O$ 加入量依次为理论量的 0.25 倍、0.50 倍、0.75 倍、1.00 倍、1.25 倍、1.50 倍、1.75 倍、2.00 倍时对各金属沉淀率的影响，其中 200mL 溶液所需 $Na_2S \cdot 9H_2O$ 理论量为 2.16g，实验结果如图 6-13 所示。

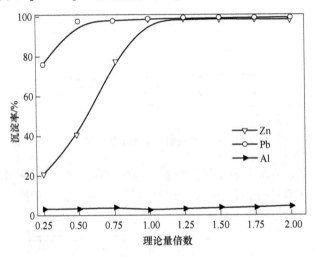

图 6-13　沉淀剂添加量对各金属沉淀效果的影响

由图 6-13 可知，Pb、Zn 沉淀效果随 $Na_2S \cdot 9H_2O$ 加入量的变化展现了相似的变化趋势，但变化范围差异较大。在 $Na_2S \cdot 9H_2O$ 加入量少于理论量的 0.5 倍时，Pb 的沉淀率随着 $Na_2S \cdot 9H_2O$ 加入量的增多而增加，而 $Na_2S \cdot 9H_2O$ 加入量大于理论量的 0.5 倍之后，Pb 沉淀率稳定在 99% 以上。锌的沉淀率在 $Na_2S \cdot 9H_2O$ 加入量为理论量之前，都随着 $Na_2S \cdot 9H_2O$ 加入量的增多而增加，在 $Na_2S \cdot 9H_2O$ 加入量大于理论量以后，沉淀率稳定在 98% 以上。Al 的沉淀率在实验范围内保持在 4% 以下。

Pb、Zn 在碱性溶液中以羟基配合离子形式存在，与 Na_2S 之间的反应过程较复杂，生成物除简单硫化物外，还可能存在 $NaPb(OH)_mS_{(4-m)/2}$、$Na_2Zn(OH)_nS_{(4-n)/2}$ 等复杂中间化合物，以强碱溶液中羟基配合离子的优势物种 $Pb(OH)_3^-$、$Zn(OH)_4^{2-}$ 为例，可将反应过程简化为式（6-2）和式（6-3），查阅相关热力学手册[193,194]可得反应平衡常数 K。

$$Pb(OH)_3^- + S^{2-} \longrightarrow PbS\downarrow + 3OH^- \qquad lgK = 13.2 \qquad (6-2)$$

$$Zn(OH)_4^{2-} + S^{2-} \longrightarrow ZnS\downarrow + 4OH^- \qquad lgK = 6.14 \qquad (6-3)$$

由式（6-2）、式（6-3）可知，Pb 的硫化沉淀热力学平衡常数远大于 Zn 的硫化沉淀热力学平衡常数，即 Pb 的硫化沉淀反应热力学上相对更容易进行。

6.2.4.4 优化实验验证

通过以上系列单因素实验研究，得出了采用 $Na_2S \cdot 9H_2O$ 沉淀 Pb、Zn 的优化工艺条件为：反应温度为 20℃，反应时间为 15min，$Na_2S \cdot 9H_2O$ 加入量为理论量。在此优化工艺条件下，进行平行验证实验，结果见表 6-9，Pb、Zn 沉淀率均高于 99%，可认为已完全沉淀，Al 沉淀率则保持在 4% 以下。将沉淀产物烘干后进行 XRD 检测，结果如图 6-14 所示。

表 6-9   优化沉铅锌条件平行验证实验结果 （%）

序　号	Pb 沉淀率	Zn 沉淀率	Al 沉淀率
1	99.82	99.56	3.83
2	99.94	99.42	3.35
3	99.69	99.04	3.67

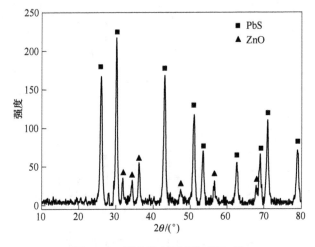

图 6-14   铅锌混合沉淀物 XRD 图

由图 6-14 所示 XRD 检测结果可知，此沉淀产物中主要物相为 PbS 与 ZnO，由于沉淀反应过程所选用温度较低，ZnS 结晶不完全，在烘干时易被氧化为 ZnO[195]。对沉淀产物进行成分检测，XRF 结果见表 6-10。由表可知，该沉淀物主要含有 Pb、Zn、S 三元素，总含量超过 82%，可作为铅锌冶炼企业的高品位铅锌混合原料。

表 6-10   铅锌混合物 XRF 检测结果

元　素	Pb	Zn	S	Na	O	其他
质量分数/%	44.26	21.61	16.46	6.74	8.32	2.61

6.2.5　碱性介质循环利用探索

CME 粉末碱性熔炼浸出液经过葡萄糖脱铜、石灰沉锡、硫化钠沉铅锌等工序处理后，溶液中大部分有价金属得以提取，而 NaOH、$NaNO_3$ 等熔炼介质仍保留在溶液中，成分见表 6-11。此外，溶液中还含有一定量的 Al，由于浓度较低，尚未得到回收。如不对该溶液中 NaOH、$NaNO_3$ 等物料加以回收利用，不仅是对原材料的极大浪费，也会带来大量高碱废水的排放甚至污染问题。

表 6-11　溶液组成

成分	Sn	Al	Pb	Zn	Cu	NaOH	$NaNO_3$
浓度/g·L^{-1}	0.32	3.56	0.01	0.01	—	145.41	40.63

将该溶液蒸发浓缩至无明显水分，放入真空干燥箱内 120℃ 烘干，减少空气中 CO_2 对其影响。所得固体产物 XRD 图如图 6-15 所示。

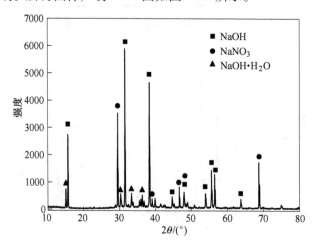

图 6-15　溶液烘干后所得固体 XRD 图

由图 6-15 可知，浓缩溶液烘干后所得固体主要为 NaOH 与 $NaNO_3$ 的混合物，且根据溶液成分计算可得该混合物中 NaOH 与 $NaNO_3$ 质量比为 3.58，低于熔炼过程所需 2.5:0.6（即 4.17），且 $NaNO_3$ 相比熔炼过程初始加入量也有一定的消耗和损失。因此，将该混合物返回碱性熔炼过程时，需根据 NaOH-空气-$NaNO_3$ 体系优化熔炼条件要求，补充适量的 NaOH 与 $NaNO_3$。

进行 6 次循环实验，各批次熔炼过程中，CME 处理量为 30g，NaOH 加入量为 75g，$NaNO_3$ 加入量为 18g，熔炼时间为 45min、熔炼温度为 350℃，空气流量为 1.0L/min，熔炼产物按优化浸出条件、各有价金属优化分离提取条件依次处理。循环实验中 NaOH、$NaNO_3$ 回收及补充情况见表 6-12，其中第 1 次实验所用

NaOH 与 NaNO₃ 为分析纯，第 2~6 次实验所用 NaOH、NaNO₃ 由为回收部分及补充部分组成。熔炼介质循环次数对各金属在熔炼过程转化率影响如图 6-16 所示。

表 6-12　循环过程中 NaOH、NaNO₃ 回收及补充情况　　　　（g）

循 环 次 数		NaOH	NaNO₃
1	添加量	75	18
	回收量	63.01	17.03
2	补充量	11.99	0.97
	回收量	61.82	17.12
3	补充量	13.18	0.88
	回收量	60.34	16.89
4	补充量	14.66	1.16
	回收量	59.63	17.08
5	补充量	15.37	0.92
	回收量	58.92	17.13
6	补充量	16.08	0.87
	回收量	56.57	17.21

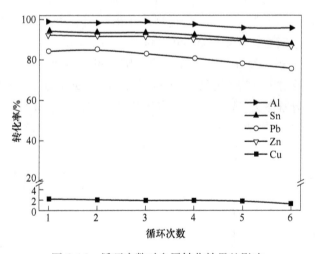

图 6-16　循环次数对金属转化效果的影响

由图 6-16 可知，在 6 次循环利用实验中，NaOH、NaNO₃ 混合熔炼介质对两性金属保持了较高的转化效率，重复利用效果良好，但随着循环利用次数的增多，两性金属转化率有小幅度的降低，其中 Pb 转化率降低相对明显。结合表 6-12 可发现 NaOH 回收量随循环次数的增加而减少，因此推断造成转化率降低的原因可能有以下两种：

（1）空气中 CO_2 造成 NaOH 转变为碱性较弱且熔点较高的 Na_2CO_3，而沉 Sn 过程中加入的 $Ca(OH)_2$ 不足以将 Na_2CO_3 完全苛化，随着熔炼介质循环利用次数的增多，Na_2CO_3 在熔炼介质中积累，改变了熔炼体系，而 Na_2CO_3-NaOH-$NaNO_3$ 体系研究结果显示该体系需要较高的熔炼温度，且最佳熔炼条件下两性金属转化率低于 NaOH-$NaNO_3$ 体系与 NaOH-空气-$NaNO_3$ 体系。

（2）NaOH-空气-$NaNO_3$ 体系优化熔炼温度仅 350℃，CME 粉末中有机物未充分燃烧，被熔融 NaOH 吸收，随着熔炼介质循环利用次数的增多，其中的有机组分含量增多，熔体黏度增大，熔炼介质活性降低。因此，当两性金属转化率过低时，需对溶液进行石灰苛化或臭氧除有机物[196~198]处理，提高 NaOH 含量及活性。

值得注意的是，浸出液中 Al 浓度随着 NaOH 与 $NaNO_3$ 循环利用次数的增多而不断升高，见表6-13，6 次循环后，Pb、Zn 提取后液中 Al 浓度高达 23.47g/L。参考拜耳法生产 Al_2O_3 工艺[199]，对此溶液进行晶种分解探索。

表6-13   循环过程中浸出液 Al 浓度变化

循 环 次 数		1	2	3	4	5	6
Al 浓度/g·L^{-1}	浸出液	4.11	8.01	12.13	15.94	19.76	24.03
	Pb、Zn 提取后液	3.56	7.42	11.48	15.03	18.94	23.47

6 次循环后所得 Pb、Zn 提取后液的苛性比 α_k（Na_2O/Al_2O_3 摩尔比）为 2.76，接近晶种分解条件的上限 $\alpha_k = 3$，为提高氧化铝的相对浓度，提高晶种分解率，实验中加入少量浓硝酸（质量分数 65%~68%），降低 α_k 至 2 左右。晶种分解实验操作条件为：分解温度 40℃、搅拌速度 200r/min、分解时间 72h、晶种系数 1.0，其中晶种经过机械活化处理（振动磨 140r/min 处理 2h），粒径小于 38μm[200]。晶种分解率为 32.63%，所得产物 80℃烘干后进行 XRD 检测，结果如图6-17所示。由图可知，分解产物为结晶性良好的 $Al(OH)_3$，且未检测到其

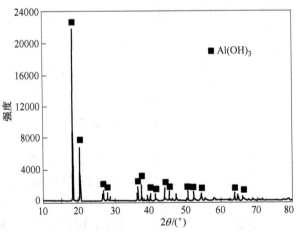

图6-17   晶种分解产物 XRD 图

他物相。对该分解产物进行 XRF 检测，见表6-14，该产物中含有少量杂质 Na，计算可知 Al(OH)$_3$ 纯度为89.07%。将该产物1200℃煅烧2h，脱去附着水、结晶水及部分挥发性杂质[201]，即可得到 Al$_2$O$_3$，XRD 图如图6-18所示，XRF 检测显示煅烧产物中 Al$_2$O$_3$ 含量为96.86%，Na$_2$O 为主要杂质，含量为1.72%。

表6-14　晶种分解产物 XRF 检测结果

物　质	Na$_2$O	Al$_2$O$_3$	SiO$_2$	CaO	其他金属氧化物总量
质量分数/%	1.18	58.24	0.45	<0.004	<0.01

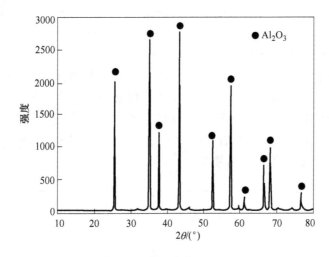

图6-18　焙烧产物 XRD 图

6.3　浸出渣的回收

6.3.1　浸出渣成分分析

由浸出渣物相分析（见图5-5（c））和化学成分分析（见表6-15）可知，浸出渣中主要物相为 CuO，同时含有少量未完全分离的 Pb、Sn、Al、Zn 等元素。

表6-15　浸出渣 XRF 分析结果

元　素	Sn	Al	Pb	Zn	Cu	O	其他
质量分数/%	0.38	0.03	1.09	0.13	71.54	18.62	8.21

6.3.2　稀酸浸出工艺

在优化碱性熔炼、浸出条件下处理30g CME 粉末后可得浸出渣25g左右，且该渣成分较为简单，根据表6-9计算可得，H$_2$SO$_4$ 理论消耗量为0.28mol。CuO 与 H$_2$SO$_4$ 间的反应过程简单，反应速率较快，因而本工序无需特别优化，采用 150mL 浓度为 2mol/L H_2SO_4 溶液在 30℃ 恒温条件下浸出 20min 即可将 CuO 完全浸出，浸出液为透明的亮蓝色溶液。进行 3 次平行实验，结果见表 6-16。

表 6-16　硫酸浸出实验结果

| 序号 | 实 验 结 果 | | | | | |
	Cu 浓度 /$g \cdot L^{-1}$	Sn 浓度 /$g \cdot L^{-1}$	Pb 浓度 /$g \cdot L^{-1}$	Al 浓度 /$g \cdot L^{-1}$	Zn 浓度 /$g \cdot L^{-1}$	浸出渣量 /g
1	114.62	—	—	0.04	0.17	2.43
2	114.54	—	—	0.04	0.19	2.39
3	113.82	—	—	0.03	0.19	2.40

对浸出渣进行 XRD 检测，如图 6-19 所示。由图可知，在熔炼过程中未能完全转化的 Sn、Pb 以 SnO_2、$PbSO_4$ 形态富集于硫酸浸出渣中，此外，该浸出渣中仍残留有部分非金属组分。SnO_2、$PbSO_4$ 结构稳定，在普通酸、碱浸出工艺中较难处理，但碱性熔炼工艺对其有较高的转化效果[202]，可将该浸出渣返回熔炼工序，以充分回收其中的 Sn、Pb 资源。

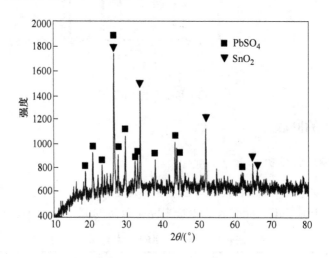

图 6-19　硫酸浸出渣 XRD 图

6.3.3　贵金属富集

经检测，硫酸浸出渣中贵金属品位为 Au 672g/t，Ag 2132g/t，远高于普通矿物中 Au、Ag 品位。对比原料 CME 粉末中的贵金属含量可知，贵金属全部富集于硫酸浸出渣中。

该浸出渣返回碱性熔炼工序充分回收 Sn、Pb 的同时，可使贵金属进一步富集，进而通过王水浸出、氰化浸出或无氰浸出等方法回收其中的 Au、Ag 等贵金属。

6.3.4　冷却结晶制备硫酸铜

将硫酸浸出液水浴加热至80℃，恒温蒸发浓缩至溶液浑浊出现悬浮物，转移溶液至设定温度较低的恒温条件下，控制搅拌速度为200r/min，结晶时间为2h[203]，考察结晶温度依次为80℃、70℃、60℃、50℃、40℃、30℃、20℃时对硫酸铜结晶效果的影响，实验结果如图6-20所示。

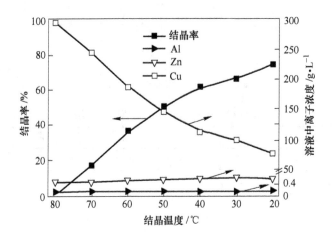

图6-20　温度对硫酸铜结晶效果的影响

由图6-20可知，温度对硫酸铜结晶率有较大影响，溶液中 Cu^{2+} 浓度随结晶温度的降低而降低，而 Zn、Al 等杂质在溶液中浓度在实验范围内无明显变化。$CuSO_4 \cdot 5H_2O$ 的溶解度随温度的升高明显增大，硫酸铜溶液通过蒸发浓缩后冷却结晶生产硫酸铜晶体正是利用了这一特性[204]。结晶母液（硫酸浸出液浓缩后液）中 $ZnSO_4$、$Al_2(SO_4)_3$ 的浓度远低于其溶解度值，冷却过程对其在溶液中的溶解影响不大。

选取20℃为适宜的冷却结晶温度，一次结晶率为74.37%，溶液中残余 Cu 可采用浓缩后再次冷却结晶的方式进一步回收。

将20℃下所得结晶产物60℃真空干燥后，进行 XRD 检测，如图6-21所示，可知该产物为 $CuSO_4 \cdot 5H_2O$，未检测到其他杂质物相。采用 ICP-OES 检测结晶产物中的杂质元素，见表6-17。由表可知，该产物纯度较高，虽含有少量的 Zn、Fe、Na 等杂质，但杂质总含量低于1%，对比发现，该产品成分符合现行农用硫酸铜标准 GB 437—2009 要求，可用于配置波尔多液等杀菌剂。

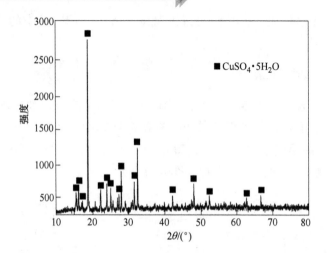

图 6-21   蒸发结晶产物 XRD 图

表 6-17   硫酸铜产品中主要杂质含量

元　素	Sn	Pb	Zn	Al	Na	Fe	P
含量/μg·g⁻¹	17.1	17.9	106.3	35.4	48.3	61.9	42.8

注：其他杂质元素含量均低于 10μg/g。

7 研究成果与展望

7.1 研究成果

本书以废弃电路板破碎分选后所得多金属富集粉末（CME）为原料，针对原料组成特点，提出基于碱性熔炼技术的有价金属分离提取工艺，在热力学计算和理论分析基础上，采用3种代表性碱性氧化熔炼体系转化CME粉末中的两性金属，熔炼产物经水浸出工艺实现可溶盐与难溶性熔炼渣的分离，碱性浸出液采用分步化学沉淀法分离提取其中的有价金属，熔炼介质回收后循环利用，浸出渣采用硫酸浸出工艺回收金属Cu，实现了CME粉末的综合利用。主要研究成果如下：

（1）详细考察了原料CME粉末组成结构特征。由于电路板特殊的制备过程和结构特点，CME粉末相对一般矿物具有独特的化学成分、物相组成和元素赋存状态，研究结果表明：CME粉末中所含金属元素种类较多，但含量相对集中，含量较高的有Cu及Sn、Pb、Al、Zn等两性金属，此外还有微量的Au、Ag等贵金属，这些金属主要以单质或合金形态存在，因此可通过碱性氧化熔炼实现金属间的分离。

（2）对碱性熔炼、浸出及两性金属分离过程进行了全面的理论分析与实验验证。碱性熔炼介质NaOH、$NaNO_3$及CME粉末中主要有价金属元素在熔炼过程中的热力学行为分析及验证实验表明：NaOH作为主要碱性反应介质的同时，对$NaNO_3$的分解起到了强烈的促进作用；$NaNO_3$除作为氧化剂外，其分解产物Na_2O又可作为碱性反应剂，进一步与酸性氧化物或两性氧化物反应；两性金属在碱性熔炼过程中可被转化为可溶性钠盐，CME粉末中主金属Cu则主要以氧化渣形态存在。计算并绘制了主要有价金属Sn、Pb、Zn、Al、Cu的E-pH图，研究了碱性溶液中主要金属存在形态，结果表明，高碱度溶液中，金属主要以羟基配合离子形态存在。基于碱性溶液中Cu、Sn、Pb、Zn等有价金属存在形式，在借鉴相似体系研究成果基础上，设计了"葡萄糖脱铜—石灰沉锡—硫化钠沉铅锌"的有价金属提取工艺路线，对反应过程中沉淀剂作用机理进行了分析。

（3）系统研究了不同碱性熔炼体系处理CME粉末的工艺过程，对比了体系特点与性质。

1）$NaOH$-$NaNO_3$熔炼体系。通过考察熔炼过程中各因素对CME粉末中金属转化效果的影响，确定了 CME 粉末中两性金属分离的最佳工艺条件：$NaNO_3$ 与 CME 质量比为 3:1，NaOH 与 CME 质量比为 4:1，熔炼温度 500℃，熔炼时间 90min，在此条件下，Sn、Pb、Zn、Al 转化率依次为 96.85%、78.80%、91.28%、98.39%。采用中心复合设计法对熔炼过程进行了优化，构建了两性金属转化效果、Cu 溶出情况与 NaOH 加入量、熔炼温度、熔炼时间等三熔炼条件间的数学关系模型，并重点研究了三熔炼条件在两性金属 Sn、Pb、Zn 转化过程中的交互影响关系，通过等值线叠加图确定了优化熔炼条件区域，验证实验结果与模型预测值较为吻合。

2）Na_2CO_3-NaOH-$NaNO_3$ 熔炼体系。单因素实验结果表明 Na_2CO_3 的加入降低了熔炼介质及后续浸出体系的碱度，不利于两性金属的转化与分离，因此熔炼介质中 Na_2CO_3 与 NaOH 质量比不宜过高，选取 Na_2CO_3 与 NaOH 质量比 10.6:32 为适宜的碱性介质组成。通过 $L_{12}(3×4^2)$ 混合正交实验设计考察了熔炼温度、碱性介质加入量、熔炼时间等三因素对金属转化效果影响的显著性顺序，均值与极差分析表明碱性介质加入量影响最为显著，而其他两因素对不同金属影响显著性不同。进一步单因素实验结果表明，优化的熔炼条件为碱性介质与 CME 质量比为 4:1，熔炼温度 600℃、熔炼时间 40min，在此条件下，Sn、Pb、Zn、Al 转化率依次为 84.55%、73.97%、78.87%、95.22%。

3）NaOH-空气-$NaNO_3$ 熔炼体系。通过对实验设备的改造，研究了 NaOH-空气-$NaNO_3$ 体系处理 CME 粉末的可行性。单因素实验结果表明，本体系最佳熔炼条件为 $NaNO_3$ 与 CME 质量比 0.6:1，NaOH 与 CME 质量比为 2.5:1，空气流量 1.0L/min，熔炼温度 350℃，熔炼时间 30min，在此条件下，Sn、Pb、Zn、Al 转化率依次为 93.26%、83.99%、91.97%、99.56%。对空气、$NaNO_3$ 在熔炼过程中的协同作用进行了研究，结果表明，空气中的 O_2 可使 $NaNO_2$ 再次转化成为 $NaNO_3$，大大降低了 $NaNO_3$ 的消耗量。此外，空气的喷入和逸出过程对熔体起到了强烈的搅拌作用，促进了各相间的传质、传热过程，降低了熔炼过程对 NaOH、$NaNO_3$ 添加量的依赖度以及对熔炼温度、熔炼时间的要求。

对比分析研究表明，三熔炼体系产物具有相似的密度差分层现象及物相组成特点，而 NaOH-空气-$NaNO_3$ 体系表现出两性金属转化分离效率高、物料消耗少、熔炼条件温和等优点，具有较高的推广应用潜力。

（4）系统研究了熔炼产物水浸出过程工艺条件，并基于分形几何理论对浸出过程进行了动力学研究。以 NaOH-空气-$NaNO_3$ 体系最佳熔炼条件下获得的熔炼产物为研究对象，确定了适宜的浸出过程工艺条件：液固比为 9、浸出温度为 40℃、浸出时间为 60min、搅拌速率为 300r/min。此条件可在确保已转化两性金属完全分离的前提下，尽量减少过程用水量及后续废水产生量，同时提高工作效率。基于分形几何相关理论，同时继承经典收缩核模型理论中的相关假设与概念，推导了新的分形收缩核模型。应用推导所得的分形模型对 NaOH-空气-$NaNO_3$体系最佳熔炼条件下获得的熔炼产物水浸出过程反应动力学进行研究，同时对比经典二维模型的拟合效果，结果表明，分形模型对该浸出过程具有更高的拟合度，Sn 在 0～75℃的浸出过程受内扩散控制，Pb 在 0℃条件下的浸出过程受化学反应控制，而在 25～75℃的浸出过程受内扩散控制。

（5）系统研究了碱性浸出液、浸出渣中有价金属提取工艺过程，探索了碱性介质循环利用效果。采用"葡萄糖脱铜—石灰沉锡—硫化钠沉铅锌"工艺分步提取浸出液中 Cu、Sn、Pb、Zn 等有价金属，系统研究了各个工艺条件对有价金属提取效果的影响，优化了提取过程工艺条件，制备得到了八面体 Cu_2O、类球形 Cu、立方体 $CaSn(OH)_6$ 等粉体材料和高品位铅锌复合料等产品，溶液中的 NaOH、$NaNO_3$通过蒸发浓缩—真空干燥回收，并返回下一次的熔炼过程，6 次循环实验表明，碱性熔炼介质重复利用效果良好。Al 在循环过程中逐渐富集后，通过晶种分解回收 $Al(OH)_3$，煅烧后得到 Al_2O_3产品。碱性浸出渣主要成分为 CuO，通过稀硫酸浸出即可达到提取并提纯的目的，所得 $CuSO_4$溶液杂质含量极低，此溶液经冷却结晶后可得到符合国家标准 GB 437—2009 的 $CuSO_4 \cdot 5H_2O$ 产品。贵金属全部富集于硫酸浸出渣中。

7.2 展望

本书以碱性熔炼技术为基础，针对废弃电路板多金属富集粉末中有价金属的回收，开展了相关理论分析及工艺研究，得出了一些有价值的研究结论，为碱性熔炼工艺在二次资源回收领域的应用提供了指导，由于实验条件及时间的限制，还有部分工作有待进一步深入和完善：

（1）从复杂溶液中制备所得 Cu_2O、Cu、$CaSn(OH)_6$等粉体材料的实际应用性能有待验证。

（2）开展现场扩大化实验研究，为本工艺的工业化应用提供完整、可靠的依据。

参 考 文 献

［1］ 郭学益，田庆华. 有色金属资源循环理论与方法［M］. 长沙：中南大学出版社，2008.

［2］ Tuncuk A, Stazi V, Akcil A, et al. Aqueous metal recovery techniques from e- scrap：Hydro-metallurgy in recycling［J］. Minerals Engineering, 2012, 25（1）：28~37.

［3］ Nakatani J, Moriguchi Y. Time- series product and substance flow analyses of end-of-life electrical and electronic equipment in China［J］. Waste management, 2014, 34（2）：489~497.

［4］ Oguchi M, Murakami S, Sakanakura H, et al. A preliminary categorization of end-of-life electrical and electronic equipment as secondary metal resources［J］. Waste Management, 2011, 31（9）：2150~2160.

［5］ Baldé C P, Wang F, Kuehr R, et al. The Global E-waste Monitor 2014：Quantities, Flows and Resources［M］. Bonn：United Nation University, 2015.

［6］ Labunska I, Harrad S, Santillo D, et al. Levels and distribution of polybrominated diphenyl ethers in soil, sediment and dust samples collected from various electronic waste recycling sites within Guiyu town, southern China［J］. Environmental Science：Processes & Impacts, 2013, 15（2）：503~511.

［7］ Huo X, Peng L, Qiu B, et al. ALAD genotypes and blood lead levels of neonates and children from e- waste exposure in Guiyu, China［J］. Environmental Science and Pollution Research, 2014, 21（10）：6744~6750.

［8］ Xu X, Zeng X, Boezen H M, et al. E- waste environmental contamination and harm to public health in China［J］. Frontiers of Medicine, 2015, 9（2）：1~9.

［9］ Hadi P, Xu M, Lin C S K, et al. Waste printed circuit board recycling techniques and product utilization［J］. Journal of Hazardous Materials, 2015, 283：234~243.

［10］ 刘明华. 废旧家电和电子废弃物回收利用技术［M］. 北京：化学工业出版社，2015.

［11］ 张家亮. 全球电路板市场的发展进入新常态——2014 年全球电路板市场总结与未来发展预测［J］. 印制电路信息，2015，23（5）：8~17.

［12］ Ha V H, Lee J, Huynh T H, et al. Optimizing the thiosulfate leaching of gold from printed circuit boards of discarded mobile phone［J］. Hydrometallurgy, 2014, 149：118~126.

［13］ Marques A C, Cabrera J M, de Fraga Malfatti C. Printed circuit boards：A review on the perspective of sustainability［J］. Journal of Environmental Management, 2013, 131：298~306.

［14］ Chien Y C, Wang H P, Lin K S, et al. Fate of bromine in pyrolysis of printed circuit board wastes［J］. Chemosphere, 2000, 40（4）：383~387.

［15］ Yokoyama S, Iji M. Recycling of printed wiring board waste［C］. Proceedings of 1993 IEEE/sukuba international workshop on advanced robotics, IEEE, 1993：55~58.

［16］ Feldmann K, Scheller H. Disassembly of electronic products［C］. Proceedings of the 1994 IEEE International Symposium on electronics and environment, IEEE, 1994：81~86.

［17］ 刘志峰，李辉，胡张喜，等. 废旧家电中印刷电路板元器件脱焊技术研究［J］. 家电科技，2007，1：32~34.

［18］ 白庆中，王晖，韩洁，等. 世界废弃印刷电路板的机械处理技术现状［J］. 环境污染治

理技术与设备，2001，2（1）：84～89.

[19] 马俊伟，王真真，李金惠. 电选法回收废印刷线路板中金属 Cu 的研究［J］. 环境科学，2006，27（9）：1895～1900.

[20] 温雪峰，李金惠，朱芬芬，等. 我国废弃线路板的物理处理技术评述［J］. 矿冶，2005，14（3）：58～61.

[21] 赵明，李金惠，温雪峰. 阻燃性酚醛树脂印刷线路板粉碎处理中热解污染的试验研究［J］. 矿冶，2007，15（4）：78～83.

[22] Duan C，Wen X，Shi C，et al. Recovery of metals from waste printed circuit boards by a mechanical method using a water medium［J］. Journal of Hazardous Materials，2009，166（1）：478～482.

[23] 贺靖峰，段晨龙，何亚群，等. 废弃电路板湿法破碎与分选回收金属研究［J］. 环境科学与技术，2010，33（4）：112～116.

[24] Melchiorre M，Jakob R，Haepp H J. Neuartiges verfahren zur autbereitung von elektronikschrott：ein beitrag zur wirtschaftlichen rohstoffgewinnung［J］. Galvanotechnik，1996，87（12）：4136～4140.

[25] 李金惠，只艳，朱剑锋，等. 废印刷电路板非金属粉/ABS 树脂复合材料及制备方法：中国，CN 201310044154.6［P］. 2013-5-8.

[26] 郑艳红，沈志刚，蔡楚江，等. 废印刷电路板非金属粉填充聚丙烯的实验［J］. 高分子材料科学与工程，2009，25（9）：154～159.

[27] 郭久勇. 废电路板非金属材料填充不饱和聚酯团状模塑料及改性沥青研究［D］. 上海：上海交通大学，2009.

[28] 艾元方，何世科，孙彦文，等. 短回转窑-立窑型废线路板高温焚烧冶炼炉［J］. 矿冶，2014，23（5）：86～91.

[29] 尹小林，郭学益，田庆华，等. 一种废弃电器电路板能源化无害化处理方法：中国，201510034585.3［P］. 2015-05-20.

[30] 尹小林，郭学益，田庆华，等. 废弃电器电路板能源化无害化处理系统：中国，201510062743.6［P］. 2015-05-20.

[31] Wicks G G，Clark D E，Schulz R L. Method for Recovering Metals from Waste：US Patent 5843287［P］. 1998-12-1.

[32] 孙路石，陆继东，王世杰，等. 印刷线路板废弃物的热解及其产物分析［J］. 燃料化学学报，2002，30（3）：285～288.

[33] 赵龙. 废电路板的热解及脱溴实验研究［D］. 大连：大连理工大学，2014.

[34] Zhou Y H，Qiu K Q. A new technology for recycling materials from waste printed circuit boards［J］. Journal of Hazardous Materials，2010，175（1）：823～828.

[35] 钟胜. 一种废旧电路板类废弃物中树脂组分综合回收利用的方法：中国，201110059935.3［P］. 2013-3-27.

[36] 李飞，吴逸民，赵增立，等. 熔融盐对印刷线路板热解影响实验研究［J］. 燃料化学学报，2008，（5）：548～552.

[37] Flandinet L，Tedjar F，Ghetta V，et al. Metals recovering from waste printed circuit boards

(WPCBs) using molten salts [J]. Journal of Hazardous Materials, 2012, 213: 485~490.

[38] 谭瑞淀. 微波处理废印刷电路板的基础研究 [D]. 大连: 大连理工大学, 2007.

[39] Sum E Y L. The recovery of metals from electronic scrap [J]. JOM, 1991, 43 (4): 53~61.

[40] Hoffmann J E. Recovering precious metals from electronic scrap [J]. JOM, 1992, 44 (7): 43~48.

[41] Hagelüken C. Recycling of electronic scrap at Umicore's integrated metals smelter and refinery [J]. Erzmetall, 2006, 59 (3): 152~161.

[42] Ogawa H, Orita N, Horaguchi M, et al. Dioxin reduction by sulfur component addition [J]. Chemosphere, 1996, 32 (1): 151~157.

[43] Ryan S P, Li X, Gullett B K, et al. Experimental study on the effect of SO_2 on PCDD/F emissions: determination of the importance of gas-phase versus solid-phase reactions in PCDD/F formation [J]. Environmental Science & Technology, 2006, 40 (22): 7040~7047.

[44] Shao K, Yan J, Li X, et al. Effects of SO_2 and SO_3 on the formation of polychlorinated dibenzo-p-dioxins and dibenzofurans by de novo synthesis [J]. Journal of Zhejiang University Science A, 2010, 11 (5): 363~369.

[45] Veldhuizen H, Sippel B. Mining discarded electronics [J]. Industry and Environment, 1994, 17 (3): 7~11.

[46] Leirnes J S, Lundstrom M S. Method for Working-up Metal-containing Waste Products: U. S. Patent 4, 415, 360 [P]. 1983-11-15.

[47] Theo L. Integrated recycling of non-ferrous metals at Boliden Ltd. Rönnskär smelter [C]. IEEE International Symposium on Electronics and the Environment, 1998: 42~47.

[48] Mark F E, Lehner T. Plastics recovery from waste electrical & electronic equipment in non-ferrous metal processes [R]. Association of plastics manufactures in Europe, 2000.

[49] Cui J, Zhang L. Metallurgical recovery of metals from electronic waste: A review [J]. Journal of Hazardous Materials, 2008, 158 (2): 228~256.

[50] Kim B S, Lee J C, Jeong J K. Current status on the pyrometallurgical process for recovering precious and valuable metals from waste electrical and electronic equipment (WEEE) scrap [J]. Journal of the Korean Institute of Resources Recycling, 2009, 18 (4): 14~23.

[51] Zhang S L, Forssberg E. Mechanical separation-oriented characterization of electronic scrap [J]. Resources, conservation and recycling, 1997, 21: 247~269.

[52] Goosey M, Kellner R. Recycling technologies for the treatment of end of life printed circuit boards (PCBs) [J]. Circuit World, 2003, 29 (3): 33~3.

[53] 朱萍, 古国榜. 从印刷电路板废料中回收金和铜的研究 [J]. 稀有金属, 2002, 26 (3): 214~216.

[54] 张嘉, 陈亮, 陈东辉. 废弃电子印刷电路板中 Cu 和 Pb 的浸出实验 [J]. 环保科技, 2007, 13 (2): 25~28.

[55] Mecucci A, Scott K. Leaching and electrochemical recovery of copper, lead and tin from scrap printed circuit boards [J]. Journal of Chemical Technology and Biotechnology, 2002, 77 (4): 449~457.

［56］ Young J P, Fray D J. Recovery of high purity precious metals from printed circuit boards ［J］. Journal of Hazardous Materials, 2009, 164: 1152 ~ 1158.

［57］ Sheng P P, Etsell T H. Recovery of gold from computer circuit board scrap using aqua regia ［J］. Waste Management & Research, 2007, 25 (4): 380 ~ 383.

［58］ Fogarasi S, Imre-Lucaci F, Egedy A, et al. Eco-friendly copper recovery process from waste printed circuit boards using Fe^{3+}/Fe^{2+} redox system ［J］. Waste Management, 2015, 40: 136 ~ 143.

［59］ Yazici E Y, Deveci H. Cupric chloride leaching (HCl-$CuCl_2$-NaCl) of metals from waste printed circuit boards (WPCBs)［J］. International Journal of Mineral Processing, 2015, 134: 89 ~ 96.

［60］ Oishi T, Koyama K, Alam S, et al. Recovery of high purity copper cathode from printed circuit boards using ammoniacal sulfate or chloride solutions ［J］. Hydrometallurgy, 2007, 89 (1): 82 ~ 88.

［61］ Yang J, Wu Y, Li J. Recovery of ultrafine copper particles from metal components of waste printed circuit boards ［J］. Hydrometallurgy, 2012, 121: 1 ~ 6.

［62］ Zhang Y, Liu S, Xie H, et al. Current status on leaching precious metals from waste printed circuit boards ［J］. Procedia Environmental Sciences, 2012, 16: 560 ~ 568.

［63］ Senanayake G. Gold leaching in non-cyanide lixiviant systems: critical issues on fundamental and applications ［J］. Minerals Engineeting, 2004, 17 (6): 785 ~ 801.

［64］ Bai J, Wang J, Xu J, et al. Microbiological recovering of metals from printed circuit boards by acdithiobacillus ferroxidans ［C］. Proceedings of IEEE International Symposium on Sustainable Systems and Technology (ISSST). Phoenix: IEEE, 2009: 1 ~ 6.

［65］ Brandl H, Bosshard R, Wegmann M. Computer-munching microbes: metal leaching from electronic scrap by bacteria and fungi ［J］. Hydrometallurgy, 2001, (5): 319 ~ 326.

［66］ 吴思芬, 李登新, 姜佩华. 微生物浸取废电路板粉末中的铜 ［J］. 环境污染与防治, 2008, 30 (11): 27 ~ 34.

［67］ 胡张喜. 基于超临界流体技术的印刷线路板回收实验及机理研究 ［D］. 合肥: 合肥工业大学, 2007.

［68］ Kochan A. In search of a disassembly factory ［J］. Assembly Automation, 1995, 15 (4): 16, 17.

［69］ Chien Y C, Wang H P, Lin K S, et al. Oxidation of printed circuit board wastes in supercritical water ［J］. Water Research, 2000, 34 (17): 4279 ~ 4283.

［70］ Zhang H C, Ouyang X, Abadi A. An environmentally benign process model development for printed circuit board recycling ［C］. Proceedings of the 2006 IEEE International Symposium, 2006: 212 ~ 217.

［71］ Sanyal S, Ke Q, Zhang Y, et al. Understanding and optimizing delamination / recycling of printed circuit boards using a supercritical carbon dioxide process ［J］. Journal of Cleaner Production, 2013, 41: 174 ~ 178.

［72］ 潘君齐, 刘光复, 刘志峰, 等. 废弃印刷线路板超临界 CO_2 回收实验研究 ［J］. 西安交

通大学学报，2007，41（5）：625~627.

[73] Xiu F, Zhang F. Materials recovery from waste printed circuit boards by supercritical methanol [J]. Journal of Hazardous Materials, 2010, 178: 628~634.

[74] 邢明飞. 超临界丙酮降解废弃线路板中的溴化环氧树脂 [J]. 环境工程学报，2014，8 （1）：317~323.

[75] Day J G. Recovery of Platinum Group Metals, Gold and Silver from Scrap: U. S. Patent 4, 427, 442 [P]. 1984-1-24.

[76] Zhu P, Chen Y, Wang L Y, et al. A new technology for separation and recovery of materials from waste printed circuit boards by dissolving bromine epoxy resins using ionic liquid [J]. Journal of Hazardous Materials, 2012, 239: 270~278.

[77] Zhu P, Chen Y, Wang L Y, et al. Treatment of waste printed circuit board by green solvent using ionic liquid [J]. Waste Management, 2012, 32 (10): 1914~1918.

[78] 唐谟堂，唐朝波，陈永明，等. 一种很有前途的低碳清洁冶金方法——重金属低温熔盐冶金 [J]. 中国有色冶金，2010，（4）：49~53.

[79] 吕晓妹，段华美，翟玉春，等. 碱熔法从硼精矿中提取硅的研究 [J]. 材料导报B：研究篇，2011，25（12）：8~11.

[80] 牟文宁，翟玉春，刘岩. 采用熔融碱法从红土镍矿中提取硅 [J]. 中国有色金属学报，2009，19（3）：570~575.

[81] 陈兵，申晓毅，顾惠敏，等. 碱焙烧法由氧化锌矿提取 ZnO [J]. 化工学报，2012，63 （2）：658~661.

[82] Quinkertz R, Rombach G, Liebig D. A scenario to optimise the energy demand of aluminium production depending on the recycling quota [J]. Resources, Conservation and Recycling, 2001, 33 (3): 217~234.

[83] Tan R B H, Khoo H H. An LCA study of a primary aluminum supply chain [J]. Journal of Cleaner Production, 2005, 13 (6): 607~618.

[84] Shinzato M C, Hypolito R. Solid waste from aluminum recycling process: characterization and reuse of its economically valuable constituents [J]. Waste Management, 2005, 25 (1): 37~46.

[85] 郭学益，李菲，田庆华. 二次铝灰低温碱性熔炼研究 [J]. 中南大学学报（自然科学版），2012，43（3）：10~12.

[86] 冀树军，李菲，郭学益，等. 用铝灰连续生产铝电解原料高氟氧化铝及冰晶石和水玻璃的方法：中国，CN101823741A [P]. 2010-02-03.

[87] 肖剑飞，唐朝波，唐谟堂，等. 硫化铋精矿低温碱性熔炼新工艺研究 [J]. 矿冶工程，2009，29（5）：82~85.

[88] 肖剑飞. 硫化铋精矿低温碱性熔炼新工艺研究 [D]. 长沙：中南大学，2009.

[89] 王成彦，邱定蕃，江培海. 国内锑冶金技术现状及进展 [J]. 有色金属：冶炼部分，2002，（5）：6~10.

[90] 叶龙刚，唐朝波，唐谟堂，等. 硫化锑精矿低温熔炼新工艺 [J]. 中南大学学报，2012，43（9）：3338~3343.

[91] 刘青. 电炉低温直接炼铅 [J]. 湖南有色金属, 1996, 12 (6): 45, 46.

[92] 郭睿倩, 孙培梅, 任鸿九, 等. 碱法处理锡铁山铅精矿 [J]. 中国有色金属学报, 2001, 11 (1): 102～104.

[93] 徐盛明, 吴延军. 碱性直接炼铅法的应用 [J]. 矿产保护与利用, 1997, (6): 31～33.

[94] 唐谟堂, 彭长宏, 杨声海, 等. 再生铅的冶炼方法: 中国, ZL99115369.3 [P]. 1999-05-13.

[95] Margulis E V. Low temperature smelting of lead metallic scrap [J]. Erzmetall, 2000, 53 (2): 85～89.

[96] 金贵忠. 再生铅碱性精炼渣的锑回收工艺研究 [D]. 长沙: 中南大学, 2009.

[97] 车小奎, 董雍赓. 某多金属硫化矿选矿工艺及伴生金银的回收 [J]. 矿产综合利用, 1995, (1): 1～5.

[98] Xu S, Zhang C, Zhao T. Non-pollution processes for complex silver-gold concentrate [J]. Transactions of Nonferrous Metals Society of China, 1995, 5 (4): 69～72.

[99] Yang J, He D, Tang C, et al. Thermodynamics calculation and experimental study on separation of bismuth from a bismuth glance concentrate through a low-temperature molten salt smelting process [J]. Metallurgical and Materials Transactions B, 2011, 42 (4): 730～737.

[100] Yang J, Tang C, Chen Y, et al. Separation of antimony from a stibnite concentrate through a low-temperature smelting process to eliminate SO_2 Emission [J]. Metallurgical and Materials Transactions B, 2011, 42B: 30～36.

[101] 谢兆凤, 杨天足, 刘伟峰, 等. 脆硫铅锑矿无污染冶炼工艺研究 [J]. 矿冶工程, 2009, (8): 80～84.

[102] Liu B, Du H, Wang S N, et al. A novel method to extract vanadium and chromium from vanadium slag using molten NaOH-$NaNO_3$ binary system [J]. AIChE Journal, 2013, 59 (2): 541～552.

[103] Abe O, Utsunomiya T, Hoshino Y. The thermal stability of binary alkali metal nitrates [J]. Thermochimica Acta, 1984, 78 (1): 251～260.

[104] Zhang Y, Zheng S, Xu H, et al. Decomposition of chromite ore by oxygen in molten NaOH-$NaNO_3$ [J]. International Journal of Mineral Processing, 2010, 95 (1): 10～17.

[105] 叶大伦, 胡建华. 实用无机物热力学数据手册 [M]. 2 版. 北京: 冶金工业出版社, 2002.

[106] Zhang M, Chen Y. Free energy of formation of Na_2SnO_3 by EMF measurement using β-alumina solid electrolyte cell [J]. Acta Metallurgica Sinica (English edition), 1992, 5 (4): 320～322.

[107] Yurkinskii V P, Firsova E G, Baturova L P. Corrosion resistance of a number of structural materials in a NaOH melt [J]. Russian Journal of Applied Chemistry, 2010, 83 (10): 1816～1821.

[108] Munson M J, Riman R E. Observed phase transformations of oxalate-derived lead monoxide powder [J]. Journal of Thermal Analysis, 1991, 37 (11, 12): 2555～2566.

[109] Turova N Y. The Chemistry of Metal Alkoxides [M]. Springer Science & Business

Media, 2002.

[110] Levin E M, Robbins C R, McMurdie H F. Phase diagrams for ceramists 1969 supplement [M]. Columbus, Ohio: The American Ceramic Society, 1969.

[111] Panek P, Hoppe R. Zur kenntnis ternärer oxide des bleis: über Na_2PbO_2 [J]. Z. Anorg. Allg. Chem, 1973, 400: 219~228.

[112] McKay G. Dioxin characterisation, formation and minimisation during municipal solid waste (MSW) incineration: review [J]. Chemical Engineering Journal, 2002, 86 (3): 343~368.

[113] 詹明秀, 陈彤, 付建英, 等. 飞灰酸碱性对二恶英从头合成的影响 [J]. 化工学报, 2015, 66 (12): 4972~4979.

[114] 王华. 二恶英零排放化城市生活垃圾焚烧技术 [M]. 北京: 冶金工业出版社, 2001.

[115] 许大平. 医疗垃圾集中焚烧烟气污染物净化技术述评 [J]. 环境保护与循环经济, 2012 (2): 46~50.

[116] 李洪桂. 冶金原理 [M]. 北京: 科学出版社, 2005.

[117] Brookins D G. Eh-pH Diagrams for Geochemistry [M]. Springer Science & Business Media, 2012.

[118] Chen D, Ouyang S, Ye J. Photocatalytic degradation of isopropanol over $PbSnO_3$ nanostructures under visible light irradiation [J]. Nanoscale Research Letters, 2009, 4 (3): 274~280.

[119] Takeno N. Atlas of Eh-pH diagrams [R]. Geological Survey of Japan Open File Report, 2005: 419.

[120] 刘伟锋. 碱性氧化法处理铜/铅阳极泥的研究 [D]. 长沙: 中南大学, 2011.

[121] Powell K J, Brown P L, Byrne R H, et al. Chemical speciation of environmentally significant metals with inorganic ligands Part 2: The $Cu^{2+}-OH^-$, Cl^-, CO_3^{2-}, SO_4^{2-}, and PO_4^{3-} systems (IUPAC Technical Report) [J]. Pure and Applied Chemistry, 2007, 79 (5): 895~950.

[122] Urazov K K, Ripsonz B M, Rafchekhov V C. Solubility of zinc oxide in aqueous solution [J]. Non-Ferrous Metals, 1956, 7: 37~42.

[123] Chen A, Zhao Z, Jia X, et al. Alkaline leaching Zn and its concomitant metals from refractory hemimorphite zinc oxide ore [J]. Hydrometallurgy, 2009, 97 (3): 228~232.

[124] Chen A, Dong X, Chen X, et al. Measurements of zinc oxide solubility in sodium hydroxide solution from 25 to 100°C [J]. Transactions of Nonferrous Metals Society of China, 2012, 22 (6): 1513~1516.

[125] 万艳鹏, 尹霞, 曾德文. 几种重要的热力学模型预测能力的比较研究 [J]. 广州化工, 2007, 35 (2): 10~13.

[126] Speight J G. Lange's Handbook of Chemistry (16th edition) [M]. CD&W Inc., Wyoming, 2005.

[127] Sokolova E I, Chizhikov D M. Diagramma sostoyaniya sistemy $PbO-Na_2O-H_2O$ [J]. Zhurnal Neorganicheskoi Khimii, 1957, 2 (7): 1662~1666.

[128] 秦明娜, 葛忠学, 郑晓东. 溶胶-共沉淀法制备 $PbSnO_3$ 超细粉末 [J]. 化工新型材料,

2009, 37 (3): 108~110.

[129] 王红军, 梁巧丽, 朱光辉, 等. 锡酸铅纳米粒子的制备及其光催化性能 [J]. 无机盐工业, 2013, 45 (9): 62~64.

[130] Rayner-Canham G, Overton T. Descriptive Inorganic Chemistry [M]. Macmillan, 2003.

[131] Liang Z H, Zhu Y J. Synthesis of uniformly sized Cu_2O crystals with star-like and flower-like morphologies [J]. Materials Letters, 2005, 59 (19): 2423~2425.

[132] 肖秀娣, 徐刚, 苗蕾. 氧化亚铜太阳能电池的研究进展 [J]. 材料导报, 2013, 27 (11): 148~152.

[133] 于专妮, 李民, 王强. 微米氧化亚铜可见光降解甲基橙的研究 [J]. 中国农学通报, 2014, 30 (14): 300~304.

[134] 赵斌, 胡黎明. 超细铜粉的水合肼还原法制备及其稳定性研究 [J]. 华东理工大学学报 (自然科学版), 1997, 23 (3): 372~376.

[135] 廖戎, 孙波, 谭红斌. 以甲醛为还原剂制备超细铜粉的研究 [J]. 成都理工大学学报 (自然科学版), 2003, 30 (4): 417.

[136] He Z Q, Li X H, Liu E H, et al. Preparation of calcium stannate by modified wet chemical method [J]. Journal of Central South University of Technology, 2003, 10 (3): 195~197.

[137] 杨占红, 王升威, 廖建平, 等. $CaSn(OH)_6$的结构及其在锌镍电池中的应用 [J]. 中南大学学报 (自然科学版), 2010, 41 (1): 73~76.

[138] 何则强, 熊利芝, 麻明友, 等. 新型锂离子电池 $CaSnO_3$ 负极材料的湿化学制备与电化学性能 [J]. 无机化学学报, 2005, 21 (9): 1311~1315.

[139] 蒋剑波, 熊利芝, 何则强. $CaSnO_3$的软化学制备与表征 [J]. 实验室研究与探索, 2007, 25 (11): 1350, 1351.

[140] Kelsall G H, Gudyanga F P. Thermodynamics of Sn-S-Cl-H_2O systems at 298 K [J]. Journal of Electroanalytical Chemistry and Interfacial Electrochemistry, 1990, 280 (2): 267~282.

[141] Ochs M, Vielle-Petit L, Wang L, et al. Additional sorption parameters for the cementitious barriers of a near-surface repository [R]. NIROND-TR, 2010.

[142] 张祥麟, 康衡. 配位化学 [M]. 长沙: 中南工业大学出版社, 1986.

[143] 曹锡章, 宋天佑, 王杏乔. 无机化学 [M]. 3 版. 北京: 高等教育出版社, 2002.

[144] 刘清, 赵由才, 招国栋. 氢氧化钠浸出-两步沉淀法制备铅锌精矿新工艺 [J]. 湿法冶金, 2010, 29 (1): 32~36.

[145] Powell K J, Brown P L, Byrne R H, et al. Chemical speciation of environmentally significant metals with inorganic ligands. Part 3: The Pb^{2+} + OH^-, Cl^-, CO_3^{2-}, SO_4^{2-}, and PO_4^{3-} systems (IUPAC Technical Report) [J]. Pure and Applied Chemistry, 2009, 81 (12): 2425~2476.

[146] Uekawa N, Yamashita R, Wu Y J, et al. Effect of alkali metal hydroxide on formation processes of zinc oxide crystallites from aqueous solutions containing $Zn(OH)_4^{2-}$ ions [J]. Physical Chemistry Chemical Physics, 2004, 6 (2): 442~446.

[147] Li P, Wei Y, Liu H, et al. A simple low-temperature growth of ZnO nanowhiskers directly from aqueous solution containing $Zn(OH)_4^{2-}$ ions [J]. Chemical Communications, 2004

(24)：2856～2857.

[148] Wang Z, Zheng S, Wang S, et al. Research and prospect on extraction of vanadium from vanadium slag by liquid oxidation technologies [J]. Transactions of Nonferrous Metals Society of China, 2014, 24 (5)：1273～1288.

[149] 张荣良, 丘克强. 从含锡渣中提取锡制取锡酸钠的研究 [J]. 矿冶, 2008, 17 (1)：34～37.

[150] Li D, Guo X, Xu Z, et al. Leaching behavior of metals from copper anode slime using an alkali fusion-leaching process [J]. Hydrometallurgy, 2015, 157：9～12.

[151] 陈国发, 王德全. 铅冶金学 [M]. 北京：冶金工业出版社, 2000：115～200.

[152] Navarro M, May P M, Hefter G, et al. Solubility of CuO (s) in highly alkaline solutions [J]. Hydrometallurgy, 2014, 147：68～72.

[153] 郭兴忠. 锌铅分离的理论及应用研究 [D]. 重庆：重庆大学, 2002.

[154] 谢兆凤. 火法-湿法联合工艺综合回收脆硫铅锑矿中有价金属的研究 [D]. 长沙：中南大学, 2011.

[155] 东北工学院有色金属冶炼教研室, 等. 锌冶金 [M]. 北京：冶金工业出版社, 1978.

[156] Montagomery D C. Design and Analysis of Experiments (6th Edition) [M]. New York：John Wiley & Sons, Inc, 2007.

[157] Mohapatra S, Pradhan N, Mohanty S, et al. Recovery of nickel from lateritic nickel ore using aspergillus niger and optimization of parameters [J]. Minerals Engineering, 2009, 22 (3)：311～313.

[158] Obeng D P, Morrell S, Napier-Munn T J. Application of central composite rotatable design to modelling the effect of some operating variables on the performance of the three-product cyclone [J]. International Journal of Mineral Processing, 2005, 76 (3)：181～192.

[159] 徐向宏, 何明珠. 试验设计与 Design-Expert、SPSS 应用 [M]. 北京：科学出版社, 2010.

[160] 毕诗文. 氧化铝生产工艺 [M]. 北京：化学工业出版社, 2006.

[161] 李洪桂, 羊建高, 李昆, 等. 钨冶金学 [M]. 长沙：中南大学出版社, 2010.

[162] 葛显良. 关于正交表 $L_{12}(3 \times 2^4)$ 和 $L_{20}(5 \times 2^8)$ [J]. 数学的实践与认识, 1977, (2)：31～36.

[163] 夏伯忠, 侯化国, 王玉民. 正交试验法 [M]. 长春：吉林人民出版社, 1985.

[164] Sun Z, Zhang Y, Zheng S L, et al. A new method of potassium chromate production from chromite and KOH-KNO_3-H_2O binary submolten salt system [J]. AIChE Journal, 2009, 55 (10)：2646～2656.

[165] 陶东平. 流-固界面化学反应的分维模型 [J]. 有色金属, 1994, 46 (1)：51～53.

[166] 李后强, 程光钺. 分形与分维 [M]. 成都：四川教育出版社, 1990.

[167] Mandelbrot B B. The Fractal Geometry of Nature [M]. New York：Henry Holt and Company, 1983.

[168] Lesmoir G N, Rood W, Edney R. Introducing Fractal Geometry [M]. Michigan：Icon, 2000.

[169] Barnsley M F. The Science of Fractal Images [M]. Michigan：Springer, 1988.

[170] Baird E. Alt. fractals：A Visual Guide to Fractal Geometry and Design [M]. London：Chocolate Tree Books, 2011.

[171] 赵贺永，李丽红，曾桂忠，等. 铀矿浸出的分形动力学研究 [J]. 采矿技术, 2013, 13 (2)：31, 32, 67.

[172] 曲歌. 锶尾矿对环境的影响及回收锶盐研究 [D]. 重庆：重庆大学, 2008.

[173] 黄成德，张昊，郭鹤桐，等. 金属电沉积过程中分形研究 [J]. 化学研究与应用, 1997, 9 (1)：1~6.

[174] 田宗军，王桂峰，黄因慧，等. 金属镍电沉积中枝晶的分形生长 [J]. 中国有色金属学报, 2009, 19 (1)：167~173.

[175] 陈国辉，陈启元，尹周澜，等. 铝酸钠溶液晶种分解过程中的分形动力学 [J]. 中南工业大学学报, 2002, 33 (2)：157~159.

[176] 张皓东，谢刚，李荣兴，等. 平行板阴极金属电沉积过程枝晶二维生长的计算机模拟 [J]. 昆明理工大学学报, 2005, 30 (3)：31~34.

[177] Orhan G. Leaching and cementation of heavy metals from electric arc furnace dust in alkaline medium [J]. Hydrometallurgy, 2005, 78 (3)：236~245.

[178] Xiao Q, Chen Y, Gao Y, et al. Leaching of silica from vanadium-bearing steel slag in sodium hydroxide solution [J]. Hydrometallurgy, 2010, 104 (2)：216~221.

[179] 隋丽丽，翟玉春. 硫酸氢铵焙烧高钛渣的溶出动力学研究 [J]. 材料导报, 2013, 27 (9)：137~140.

[180] 赵中伟，杨家红. 从分形几何学看机械活化对化学反应的加速效应 [J]. 稀有金属与硬质合金, 1998, 16 (1)：1~4.

[181] 韩其勇. 冶金过程动力学 [M]. 北京：冶金工业出版社, 1983：49~54.

[182] Kavcı E, Çalban T, Çolak S, et al. Leaching kinetics of ulexite in sodium hydrogen sulphate solutions [J]. Journal of Industrial and Engineering Chemistry, 2014, 20 (5)：2625~2631.

[183] 涂敏瑞，周进. 硫磷混酸分解磷矿反应动力学研究 [J]. 化学工程, 1995, 23 (1)：62~67.

[184] 郭学益，李栋，田庆华，等. 硫酸熟化-焙烧法从镍红土矿中回收镍和钴动力学研究 [J]. 中南大学学报（自然科学版）, 2012, 43 (4)：1222~1226.

[185] Zhang X, Cui Z. One-pot growth of Cu_2O concave octahedron microcrystal in alkaline solution [J]. Materials Science and Engineering：B, 2009, 162 (2)：82~86.

[186] 胡敏艺，徐锐，王崇国，等. 超细球形铜粉的制备 [J]. 功能材料, 2007, 38 (10)：1577~1579.

[187] 王文清. 歧化反应制备超细铜粉 [J]. 武汉工业学院学报, 2008, 27 (2)：38~40.

[188] 赵华涛，王栋，张兰月，等. 高反应浓度下制备不同形貌氧化亚铜的简易方法 [J]. 无机化学学报, 2009, 25 (1)：142~146.

[189] 王岳俊，周康根，蒋志刚. 葡萄糖还原氢氧化铜制备球形氧化亚铜及其粒度控制研究 [J]. 无机化学学报, 2011, 27 (12)：2405~2412.

[190] Hallstedl B. Assessment of the CaO- Al_2O_3 System [J]. Journal of the American Ceramic Society, 1990, 73 (1): 15 ~ 23.

[191] Eriksson G, Pelton A D. Critical evaluation and optimization of the thermodynamic properties and phase diagrams of the CaO- Al_2O_3, Al_2O_3- SiO_2, and CaO- Al_2O_3- SiO_2 systems [J]. Metallurgical Transactions B, 1993, 24 (5): 807 ~ 816.

[192] Wang S, Zheng S, Zhang Y. Stability of 3CaO · Al_2O_3 · $6H_2O$ in KOH + K_2CO_3 + H_2O system for chromate production [J]. Hydrometallurgy, 2008, 90: 201 ~ 206.

[193] 杨显万, 何蔼平, 袁宝州. 高温水溶液热力学数据计算手册 [M]. 北京: 冶金工业出版社, 1983.

[194] 姚允斌, 解涛, 高英敏. 物理化学手册 [M]. 上海: 上海科学技术出版社, 1985.

[195] 贾希俊. 氧化锌矿物碱法提取新工艺 [D]. 长沙: 中南大学, 2009.

[196] 高峰, 秦冰, 桑军强. 臭氧氧化处理炼油废水的生化处理出水 [J]. 工业用水与废水, 2009, 40 (1): 46 ~ 48.

[197] 蔡少卿, 戴启洲, 王佳裕, 等. 非均相催化臭氧处理高浓度制药废水的研究 [J]. 环境科学学报, 2011, 31 (7): 1440 ~ 1449.

[198] Lucas M S, Peres J A, Puma G L. Treatment of winery wastewater by ozone-based advanced oxidation processes (O_3, O_3/UV and O_3/UV/H_2O_2) in a pilot-scale bubble column reactor and process economics [J]. Separation and Purification Technology, 2010, 72 (3): 235 ~ 241.

[199] 毕诗文, 于海燕, 杨毅宏. 拜耳法生产氧化铝 [M]. 北京: 冶金工业出版社, 2007.

[200] 李菲. 二次铝灰低温碱性熔炼研究 [D]. 长沙: 中南大学, 2012.

[201] 隋丽丽, 翟玉春. 从高钛渣沉钛液中提铝 [J]. 矿冶, 2015, 24 (3): 38 ~ 41.

[202] 朱新锋. 废铅膏有机酸浸出及低温焙烧制备超细铅粉的基础研究 [D]. 武汉: 华中科技大学, 2012.

[203] 姜海洋. 五水硫酸铜冷却结晶过程研究 [D]. 天津: 天津大学, 2007.

[204] 彭建蓉, 李怀仁, 谢天鉴, 等. 铜渣氧压酸浸制备硫酸铜的研究 [J]. 有色金属: 冶炼部分, 2013, 8: 49 ~ 52.